鹿鸣心理

西方心理学大师译丛

遐想与解释：
感知人性之光

REVERIE
AND
INTERPRETATION：
Sensing Something
Human

〔美〕托马斯·H.奥格登　著

孙启武　陈明　熊冰雪　译

THOMAS H. OGDEN

重庆大学出版社

怀念简 · 海唯娣（Jane Hewitt）
我再也无法体会到
像她那样热烈、那样温柔的
活力与爱了。

推荐序 1

何以遐想

　　阅读奥格登，不以信达雅要求自己而进行转译，即完成一个遐想的过程。如下。

　　在奥格登看来，任何一个灵魂每时每刻都处在死寂与生机的轮转之中。死亡婚姻、丧偶式养育、巨婴、空心病、双眼无光……行尸走肉、失魂落魄，而哔哩哔哩、抖音、短视频、AI 等的发展却生机勃勃；一边是棱角磨平磨圆、掐灭、扼杀，另一边是快速发展的心理咨询与治疗，无处不在的拯救。奥格登说倒错来自原始情境。父母笼罩在谎言之下，在床上做着真正的机械运动，呈现人前人后不一致的典型生态，而孩子在场并被排除在外。倒错是错位，在我们的精神建构中，预设、保留了一个永远存在于幻想中的位置，属于从未到位、从未经验过的主体。而症状意味着绝望：孩子总想让父母恢复生机，"飞蛾扑火"般地想去点燃父母，体验到的却是极寒；拼命反向灌注父母，却发现是无底洞。最后，拿什么拯救我的亲人？游戏成瘾、自伤、双相情感障碍……的确，有些交易在发生，"为努力成为完整的人，我们和浮士德一样在绝望和挫败中与自己做了无声的（很大程度上是无意识的）交易"，用什么换取了什么，如"为安全感而放弃自由，为确定感放弃生生不息"。有时候，我们可能知道付出了什么，但不知道是为了什么。

　　因此要遐想。经由遐想，一窥驱动死寂与生机的人性之奥。

　　死寂与生机的流转也必然活现在分析情境中，奥格登说："遐想是我极为倚重的情绪指南针（但不能清晰地读取），以便在分析性情境中获得我的方位。"但连遐想本身都站不住脚，遐想常常被感知、被认为是分析师"他自己干扰当前的关注焦点、过度自恋地自我关注、不成熟、缺乏经验、疲劳、训练不足和未解决的情绪冲突等等"，分析师在那个位置因内在的飓风而剧烈地摇晃着，即生即死。

因此更需要遐想。

遐想何以可能？

遐想需要一个私人空间，可能还需要一张躺椅，像是风浪中的一叶扁舟。

需要一个锚点，然后遐想于无意识的"漂流"之中。如温尼科特说的"我们生活的处所"，是实际发生的当下，基于幻想的幻觉总把我们带离当下。奥格登的分析性第三方，是锚点，是敞开的流动，既是死寂也是生机，既是重复也是意外，卷的后面是躺平、摆烂。

对于锚点的描述，用奥格登自己的话来说："当我从自己的遐想和后续念头中'清醒'时，我尝试重新把注意力放在病人正在说的内容上。当然，我并不是回到了'我们已经离开的地方'，而是去了一个之前从未到过的'地方'。"奥格登的思想总是充满辩证法，真正的当下是遐想本身。

奥格登引用了威廉·詹姆斯在《心理学原理》中的话，很有趣："我们应该像乐于言说……寒冷感那样，去言说那种并且感，那种倘若感，那种但是感，以及那种经由感。然而我们却没有这么做……"我们不仅没有这么做，而且嘲讽、批评这么做，好像我们没有耐心听这样的"啰唆"，比如我们讨厌那些接下来的"但是"，但遐想正是要去倾听并跟随那"但是感"。

吴和鸣

中国地质大学（武汉）学生心理健康教育中心副教授

2024 年 5 月

推荐序 2

文学化的精神分析无常无我亦无他

> 百足俱行，相辅为强。
> 三圣翼事，王室宠光。
> ——《焦氏易林·晋之坤》

1 引　言

心理治疗，犹如一服中药汤剂，根据君臣佐使、辨证配伍的原则，组合四大元素——医学、科学、艺术、哲学，除此之外，尚需第五元素调和通关，这第五元素便是灵性。

精神分析，从成立之初，就兵分两路，一路是医学、科学之康庄大道，由弗洛伊德领军前行，另一路是少有人走的林间小径，代表者是荣格，在古堡中探索艺术和哲学、灵性和信仰。

百年倏忽如弹指，时至今日，在精神分析科学之路上策马奔腾的人物是奥托·肯伯格和彼得·冯纳吉，他们追求循证医学、精准医学，寻找"有常有我"的治疗理论，探索可重复、可验证、可推广的治疗途径。

在小园香径独徘徊的文学之路上摇头晃脑、吟风弄月的才子们则以欧文·亚隆和托马斯·奥格登为代表。

奥格登，相当于精神分析界的（樊登＋傅佩荣）×苏东坡。我之前收到为他的三本书写推荐语的邀请，就已经倍感惊喜。如今又收到为他此书写序的邀请，更是受宠若惊，特此感谢译者和编辑高看。

为才子文写序颇有难处，第一个难处就是才子文不是理性和逻辑可以总结的，不能用思维导图来总结思想，不能用人工智能来辅助写作，我把才子文章导入人工智能，咔嚓咔嚓出来几块方方正正的科研论文的四段论摘要，此文目的是啥，方法是啥，结果是啥，结论是啥，然后我复制粘贴，稍微修改便可交稿。

因为才子文的美感，就在于文脉文气，它就像美食界的"锅气"一样神秘莫测，唯一的方法就是一篇篇、一句句去读，大多时候还要去读原文。

第二个难处就是形散神更散，具体到奥格登这位才子，他的作品大部分都是文艺散文和专业论文二合一，显然不是朝着申请课题、申请基金的目标去安排自己每年的写作计划的。如有些主题，你会发现他在 10 年前提到了一句，10 年后的某一篇文章突然又出现了，所以往往需要翻来覆去把不同年代的作品找出来一起阅读。

根据以上特点，本文会在第二部分每一篇文章简要介绍其主旨，并指出它和奥格登此人文章的前后联系和关系。在第三部分，则评述总结奥格登的优点和不足，提出在中国发展其学说的前景和要点。

2　本书各篇文章总结

在本书第一篇文章"精神分析的艺术"中，他试图提出一种精神分析师风格，一种"无常无我"的分析风格 [1]，分析师以一种艺术家的自由心态与个案交往，从而创造出鲜活感、生机感，尤其是言语的灵活性、灵动性、文学性。

与之相对，他批评了传统精神分析语言的死板和僵化。我们既惊奇

1　"有常有我"的分析风格，就是科学模式、医学模式的心理治疗，这类风格假设有一个固定的"规律"被发现、被运用，往往形成各种流派。而"无常无我"的分析风格，追求独特，追求变异，所以更加接近于艺术。

又惊喜地看到，在整篇文章中，他引用的大部分支撑自己观点的论据，居然都来自文学家，从弗洛伊德和荣格都共同爱好的歌德，到大概只有文艺青年比较熟悉的意象派诗人弗罗斯特，而有幸被列为参考文献的精神分析师只有两位，一位可以算他师祖的比昂[1]，另一位则是他本尊，引用了他自己1994年写的《分析性第三方：对主体间临床事实的工作》（*The analytic third-working with intersubjective clinical facts*, Ogden 1994a）。所以读者们要想读懂此书，必须了解"分析性第三方"这个概念，而要了解这个概念，至少还应该阅读两篇文章，分别是：其一，《诠释性行动的概念》（*The Concept of Interpretive Action*, Ogden 1994b）；其二，《分析的主体》（*Subjects of Analysis*）这本论文集中的第六章，《投射性认同与征服性第三方》（*Projective identification and the subjugating third*, Ogden 1994c），这是奥格登在投射性认同研究方面最大胆的创新之作。

简而言之，他发现了在分析的过程中，不仅是"我"与"你"的双方关系，还有一种东西，在两人的关系中被激活，或者说被塑造出来，它被称为"分析性第三方"。

这种情况往往与我们遇到死亡母亲和弃儿情结有关，奥格登也探索了这种体验，形成了本书的第二篇文章"对'生机'和'死寂'形式的分析"。

在这篇文章中，他提到了治疗师通过躯体感应到对方的死寂感，并描述了如何转化这些体验，产生共情理解和分析性第三方的过程。他提出，在分析情境中，治疗师试图通过对治疗双方的无意识相遇进行工作，

1　之所以说比昂是奥格登的师祖，是因为奥格登的督导师和长年交流的好友是格罗特斯坦，而格罗特斯坦的分析师是比昂，并且是公认的比昂传人。

产生"分析性意义"。而这种分析性意义的土壤，就是分析师对自己的遐想工作，从中产生出口语表达的、象征性的意义。这篇文章因为非常实用，所以被多人多次翻译为中文，在各种媒体平台广泛传播。读者们可以比较一下各位作者的文风。

这篇文章的扩展阅读也有两篇，一篇是 1991 年的《移情母体的分析》（ *Analysing the Matrix of Transference* ），另外一篇是长文《辩证性构成和拆卸的精神分析主体》（ *The Dialectically Constituted/decentred Subject of Psychoanalysis*, Ogden 1992a, 1992b ）。

在《移情母体的分析》中，他提出，移情不仅是内在客体的体验转移到外在客体，而且是偏执 – 分裂位、抑郁位和自闭 – 毗连位这三个位态的辩证运动在分析空间中产生的体验。这些体验决定了个人存在的心理母体的背景状态的性质，而正是在这个心理母体中，个人创造出了意义。

那么移情母体，也就是这三个位态在分析空间中创造出的一种主体间的相互关系，分析师也会参与这种移情母体的建构。

所以，分析不仅是对内容的分析，也包括对来访者如何体验其心理内容的分析。他提出，分析师不是要彻底让来访者顺应现实，消除情境中的幻想，这样就偏向抑郁位一极了，而且这些幻想是生命活力和意义的来源，分析的目标是让来访者改变自己和这些幻想的关系，也就是能在现实（抑郁位）和幻想（偏执 – 分裂位）中辩证运动。

在分析来访者的幻想的象征意义前（抑郁位或偏执 – 分裂位），尤其要重视对来访者的思考、说话方式的意义的分析（自闭 – 毗连位）。

而分析工作的展开有很大一部分取决于分析师自己对反移情的分析，这样，分析师能够了解到他自己和来访者建构出的移情母体是什么样的。

在《辩证性构成和拆卸的精神分析主体》一文中，他首先指出，在弗洛伊德的概念中，主体通过意识和无意识的辩证运动，不断地处于构造和拆卸的过程中。比如克莱因的主体和客体，就在偏执－分裂位和抑郁位之间辩证运动，尤其是投射性认同这个概念，蕴含着主体间性的辩证性，它突出了主体的创造和消除、整合和离散的辩证性。

沿着投射性认同这个概念，奥格登又来到了比昂这里，他指出正是因为比昂提出的"容器－内容物"这对概念，让投射性认同这个概念走出了机械直线论。在容器－内容物辩证关系中，投射者和接受者进入了一种既是一体又是分离的关系，婴儿的体验由母亲塑造，然而，母亲能给予婴儿什么样的形塑体验，往往已经是被婴儿所决定的。

文章开头就引用了博尔赫斯（Borges）的作品，这是作者在告诉我们，此人颇得我心，所以阅读博尔赫斯是理解奥格登灵魂的通关秘籍。

奥格登自己写了多篇文章来研究博尔赫斯，一篇是 2000 年的《博尔赫斯与哀悼的艺术》（*Borges and the Art of Mourning*）。文中提出创作是哀悼的核心过程，通过创作，人们的灵魂得以更新并充满活力（Ogden 2000a）。同年，他发表了另外一篇文章《撞见博尔赫斯诗一首》（*Stumbling upon a Borges Poem*）描述了他从博尔赫斯小说中发现的藏头诗。这个小说中有一个神奇的故事，男孩摔伤后进入了记忆无限性的世界。这对应着人们在遭到"死亡母亲"的创伤后，如何在内心发现无穷的、充满活力和生机的世界，正是生机与死寂这个主题在文学中的显现（Ogden 2000b）。

故而，博尔赫斯的作品，可以作为自助读物给需要生机感、鲜活感的人们。而与之相反的则是卡夫卡（Kafka），他深入刻画了死气沉沉的死亡母体的世界，奥格登察觉了这两位文学家的深入联系，把他们并列到一起深入品味，见他 2009 年的长文《卡夫卡、博尔赫斯和意识的创造》（*Kafka, Borges, and the Creation of Consciousness*, Ogden 2009a, 2009b）。

死寂与生机，这个主题在 2014 年再次回到奥格登的写作视野，他写作了《崩溃的恐惧和未曾活出的生命》（*Fear of Breakdown and the Unlived Life*），这是他对温尼科特的文章《崩溃的恐惧》进行的"创造性阅读"。创造性阅读是奥格登自己发明的一种研究方法和修养心性的方法，它类似于中国儒家、道教的经典注解法，在"六经注我"和"我注六经"之间形成了解释学循环。通过温尼科特的理论，奥格登对一位执迷于"爱情陷阱"的个案产生了"生机"与"死寂"的深刻理解，两人的对话片段尤其令人感动（Ogden 2014a）。

在2021年，他再战温尼科特，写作了《"生机勃勃"意味着什么：温尼科特的过渡性客体和过渡性现象》（*What "alive" means: On Winnicott's transitional object and transitional phenomena*），这篇文章对温尼科特的名文进行了分析，并且配上了自己的案例，案例颇有启发，但是理论部分却没有把过渡性客体这个概念和他自己的概念进行无缝对接（Ogden 2021a）。

本书的第三篇文章"分析中的倒错主体"讨论的是精神分析"招牌菜"——性心理问题。奥格登细致描述了 A 女士的案例，她是典型的精神分析个案，无性夫妻、家庭富裕、人到中年。她的性心理发展，从童年时期就充满了各种光怪陆离的场景。

个案在这样的氛围中长大，内心形成了死气沉沉的、缺乏生机的做爱双亲意象，在人际关系中形成一系列的性倒错幻想，以防御和代谢这种存在的死寂感。在分析过程中，分析师和来访者也共同构建出一个分析的性倒错主体，用来体验心理死亡感和空虚感。

这篇文章仍然建立在他之前的几个小理论基础之上，分别是 1991 年的"移情母体"、1992年的"主体辩证拆卸和构成"、1994年的"分析性第三方"，除此之外，还有 1988 年的《误认和对"不懂"的恐惧》（*Misrecognitions and the Fear of not Knowing*），这篇文章已经被收录在他的文集《原始体验的边缘》的第八章。

在这篇文章中，他讨论了"对'不懂'的恐惧"这个现象，提出人们面对"不懂"时的各种被命名为"误认"的防御形式，如：

①强迫性仪式行为；如母亲面对婴儿的需求时，要求婴儿完全按照自己设定的作息时间表来产生体验。

②权威主义；如来访者把分析师投射为全能全知者，又非常恐惧这个全知权威，如初学治疗者假装自己很清楚应如何治疗病人。

③假自我；如一女子不知道如何做"好母亲"，就不断努力模仿各式各样的好母亲，阅读很多育儿书籍，让自己看起来好像是好妈妈，但是自己内心觉得疲惫不堪。

④控制自己和他人；如一女子几个小时不理会哭泣的孩子，因为她假设自己完全知道，这个小孩是个"小希特勒"，正在用哭泣控制妈妈，她假设自己完全知道这个孩子下一步要做什么，以及自己如何应对，而实际情况是她不知道。

⑤进食障碍；某些进食障碍者真正的焦虑是不知道自己需要什么，从而让自己产生"误认"，误认为自己是需要吃东西。

不懂和误认对精神分析的影响，就体现在移情。移情具有的功能就是防御"不懂"，对治疗师产生"误认"。它让未知客体（治疗师）变成已知客体（父母）。在移情中，每一个新的客体关系就被抛到人们熟悉的过去的客体关系中。这样我们就不用面对一个新的关系，不用面对那未知的陌生感和不确定感。换句话说，移情是用来创造熟悉的、安全的客体关系的。但是代价就是"新体验"的丧失。这也为奥格登日后主体间性和关系精神分析取向提供了依据——分析过程目标之一就是提供新的主体间体验。

本书的第 4 章和第 5 章都是奥格登 1996 年的文章《重提精神分析技术

的三个方面》(*Reconsidering Three Aspects of Psychoanalytic Technique*)[1] 的打散重组。

在这篇文章中，奥格登重构了"分析情境"这一概念。他把分析情境定义为一种辩证过程，并认为创造分析过程在于分析师和来访者能够进入交互辩证的"遐想"状态中。这种遐想状态既是个人性的，又具有无意识的交流性质。

这种辩证交互的主体间体验产生出分析性第三方，从而产生生机感、鲜活感。

他认为要保证这种心理状态的出现，关键是要对分析的三个基本要素进行改革：

第一，躺椅的使用和分析师位于其身后。这样能够保证彼此都有一定的私密性。奥格登即便对一周一次的来访者也使用躺椅。

第二，并不非常强调来访者一定要自由联想，必须说出自己的想法，而是较为顺其自然，个案可以保持沉默的自我分析。

第三，在梦分析时，并不等候很长的联想，而是直接说出自己的解释或提问。那么当然这些方式都是通过交互交流的"遐想"而产生分析性第三方，通过这个第三方产生出可以表征来访者内心客体世界的象征。

本书第 6 章"遐想与解释"，被用于文集的书名，可见其重要，它的原文是 1997 年他发表的同名论文。其实，同年他还写了另外一篇《遐想和

1　这篇文章又引出一个重要概念，叫作自闭-毗连位，这篇文章可以见他的书《原始体验的边缘》第二章，（Ogden 2022, Ogden 1989），自闭-毗连位，简单地说，就是人有一种和你在一起（毗连），但是又沉浸在我自己内心的状态（自闭），这种心态是精神分析设置的基础。所以客体关系总共有四种位态，分别是自闭-毗连位、偏执-分裂位、抑郁位和格罗特斯坦提出的超越位。

比喻：我作为分析师的思考》（*Reverie and metaphor: some thoughts on how I work as a psychoanalyst*），这篇没有被收录到本书中，而是被放到了 2001 年的文集《在做梦前线会谈》（*Conversations at the frontier of dreaming*）。

　　他特别指出，遐想是一种比梦更难以被分析师利用的材料，因为它没有被区分为"梦"与"醒"这样的二元对立。对遐想的利用要求分析师能够承受漫无目的感和不可预测感。他认为分析的运动过程是一种"懒散地朝向"的过程，而不是"到达"某地的过程，而这种过程中尤其重要的是一个人能够处理遐想，但是也不能把遐想夸大为通往移情–反移情的捷径。然而，他也承认，由于遐想产生的情绪失衡，分析师偏离了所谓"分析师位置"，这正好是分析工作中探索治疗关系的风向标，是治疗行为的指南针。

　　正如奥格登通过其案例说明的，分析工作中语言的运用在他看来就是一种语言的涂鸦游戏。他甚至提出，分析过程并非阶段性的、可预先设定、可以公式化。分析不能变成一种答案，治疗师不能知道得太多，否则病人的好奇心和创造性会受到抑制。

　　他提到，他不再认为分析互动的关键在于病人的投射或投射性认同。投射性认同是在分析关系建立之前就存在的东西，它们在关系中被激活，就像钢琴的琴键被按了一下发出声音那样。分析的关键在于创造出了崭新的无意识主体间性事件，也就是说，分析就像摇滚歌手玩的那些类似爵士乐的自由风格音乐，是双方无招胜有招，随机弹唱出来的，不是根据固定的曲谱唱腔展开的演唱会。

　　读者们如果想要就本章内容进行深入探索，可以参考他 2004 年的论文《分析性第三方：精神分析理论和技术的运用》（*The Analytic Third: Implications for Psychoanalytic Theory and Technique*）一文（Ogden 2004）。

　　他指出，分析活动中分析师要努力追寻两个成分的辩证运动：一个成分是被分析者和分析师的个体主体性；另一个成分是主体间性，即分析性第三方，是分析双方共同创造出来的。这种分析性第三方被命名为"征服性第三方"，因为它具有征服、强制的特性，让人丧失了主体性，从而为投射性认同让出心灵空间。

分析过程中出现了主体性和主体间性的辩证运动的坍塌，而通过分析双方在新创造出来的分析性第三方（投射性认同的主体）中转化，双方得以重新占有自己的主体性。这一次他强调投射者和接收者角色是经常互换的，而且这两个人的主体性是同时不断被否定，又不断被重新创造出来的。这篇文章还有两大亮点，第一是案例 L 先生，在和 L 先生的互动中，奥格登回想起了《夏洛特的网》这篇文学作品，突然领悟了这篇作品，虽然对个人很有意义，但是直到和 L 先生工作，分析师才领悟到这篇文学作品描述了孤独这种心态。第二是奥格登明确地把黑格尔的主奴辩证法当作理解投射性认同和主体间性的参考文献，这就把精神分析引入到了人性哲学的高度。

本书第 7 章"论精神分析中语言的运用"，这是奥格登独一无二的贡献，我本人在写作博士论文的时候，根据质性研究元综合（Meta-synthesis）的要求，曾经设计过一个"心理分析文献评价表"，来评价各位精神分析大师们的研究工作，在这个评价表中有几个项目，奥格登都是评分最高的，比如："研究者是否反思研究所用符号系统（语言、图像、数学等）和咨询工作的匹配性？""研究者是否注意了研究陈述的美感？"奥格登的评分甚至高于荣格，虽然荣格自己创作了文学作品《红书》和《回忆、梦境、反思》来呈现他的思想，但是他对语言风格的转换更多是无意识的自发行为，不像奥格登，是明确的、有意识的反省。文学界早就有形式主义这种流派，认为形式决定内容的说法。但是心理治疗界，还是老实的理工男和理工女当道，很少反思这个问题。

直到文学中年奥格登大师横空出世，他提出语言不仅仅是一个传递信息的工具，而且是思维和感受被创造出来的媒介，而分析中的"死亡感"来自：①分析师固执地坚持精神分析的某一个学派。②分析师无意识地参与到了分析双方共同构造的主体间性中，在其中，分析师和病人使用语言来传递确定性，去对抗变化性；用语言传递知识感，去对抗体验事物的暂时感和不断流动感；用语言传递固定感，去对抗运动感和变迁感。

我们看到，奥格登已经明确意识到精神分析的传统语言，一种神经科医生努力想要模仿物理学语言的语言，不但无法表征人类心灵的无常性、变化性，而且损坏了精神分析本身。正如波士顿小组研究发现的——分析的过程很多时候不在于内容，而在于非言语行为的相互呼应。精神分析硬掰科学，就有些驴唇不对马嘴了。

在之后的多篇文章中，奥格登都把文学阅读过程和分析过程做比较，发现两者有颇多的共同之处。

在本书最后一章"聆听：三首弗罗斯特的诗"，我们看到，一开始他便宣称，这篇文章就是为了纯粹的审美，并非追求"有用"。然后，我们看到了一篇精美绝伦的诗歌评论，它似乎更适合作为外国语学院的教授们布置给英语系研究生们的研讨会材料。

我们翻开这本书后附录的参考文献，就发现，参考文献中位居第一的不是弗洛伊德，不是温尼科特，更不是作者本尊，而是诗人弗罗斯特。

在精神分析的数据库 PEP 中，以"Frost"为题名，只能找到奥格登的两篇文章一骑绝尘。

但是这只是奥格登走上精神分析文学化的第一步。在之后的岁月中，他发表了一系列论文。这里简要介绍一下这些文章，因为它们和我们的主题"文学化精神分析"紧密相关。

1998 年，他发表了《诗歌和精神分析中的声音这一问题》（ *A Question*

of Voice in Poetry and Psychoanalysis），首先分析了两首美妙的诗歌，一首来自弗罗斯特，另一首来自另外一位诗人华莱士·史蒂文斯（Wallace Stevens）[1]，然后提出，诗歌中存在两个声音，一个是作者的声音，一个是读者的声音，在阅读诗歌中，这两个声音合二为一，产生了第三方（文学评论中，同样把这个过程称为主体间性），同样的过程也发生在精神分析的过程中，而这种声音，是自体的活力的体现，分析师应该尤其注意首次访谈，双方都第一次发出了自己的声音，听到了自己的声音（Ogden 1998）。

1999 年，他又发表了《诗歌和精神分析中的发生之乐》（The Music of What Happens in Poetry and Psychoanalysis），他把精神分析的聆听和聆听诗歌做比较，提出精神分析的聆听，除了聆听病人梦和症状背后的东西外，更重要的是聆听正在进行的事件的声音和感受，聆听正在进行的事件的音乐。而这种聆听是通过分析师关注他自己的遐想体验而达成的。这种聆听带来的是分析场景中的"活力"。他提出分析师对象征进行机械的解码、转译等诠释工作，这是分析场景中出现"死气沉沉"感的一个原因。而且，值得注意的是，他把诗歌和精神分析对比，提出对这两者来说都要努力地扩展体验的宽度和深度，并且引用诗歌理论作为其依据。

与此同时，他也明确地意识到，分析师在治疗现场过多地使用诗歌语言是一种自恋反移情付诸行动，这种行为对分析是有破坏性的，这些不恰

1　华莱士·史蒂文斯，和弗罗斯特齐名的诗人，是一位成功的保险业律师，写诗属于爱好，不小心却被写进了文学史。他脾气暴躁，高大肥胖，与弗罗斯特吵架，与海明威打架，他的诗歌也受到了其他分析师的喜欢，比如塞登（Seiden）写过《论依赖隐喻：精神分析师可以从华莱士·史蒂文斯那里学到什么》（On Relying on Metaphor: What Psychoanalysts Might Learn From Wallace Stevens, Seiden 2004）。

当的诗歌语言是缺乏活力、想象力和没有感受性的。

2001年，他发表了论文《一曲挽词，一首情歌，一只童谣》（*An Elegy, a Love Song, and a Lullaby*）。这篇文章开头提出，创造性阅读诗歌和其他分析师的文章，是他本人的心性修养功夫。然后，他批评了传统的精神分析文艺评论的风格，用精神分析的各种情结去解读文学作品。他认为自己在分析诗歌的同时，也要让自己被诗歌穿透。他以诗性的语言解读了或者说欣赏了一首诗歌，即来自爱尔兰诗人、诺贝尔奖得主谢默斯·希尼（Seamus Heaney, 1939—2013）的名作《出空》（*Clearance*）。这是一首悼念母亲的诗，奥格登却只字不提"死亡母亲"这个概念，只是沉醉于诗歌优美的音韵中，感受生命的活力（Ogden 2001）。

2005年，他在论文《论精神分析性写作》（*On psychoanalytic writing*）中对精神分析的问题进行了反思。他提出精神分析的写作中存在一个悖论：首先，分析性体验是不能被言说或写下的；其次，精神分析师的写作又必须把这个体验转化为"小说"——用言辞的形式想象性地表达体验，而正是通过这种形式，作者能够把分析过程中的真实情绪体验传递给读者。他引用了博尔赫斯的名言为自己提供理论依据，"毕竟，写作不只是被引导的梦。"（After all, writing is nothing more than a guided dream.）但是，他也警告读者们，不要把写作过程过度浪漫化，以为这是一个来自缪斯的恩赐。他提出写作是一种类似分析的遐想状态，在其中作者进入一种类似禅修状态，和言辞进行角力（Odgen 2005）。

2012年到2013年，虎门无犬子的传统在奥格登家上演了，奥格登和他儿子一起完成了多篇有关精神分析和文学的论文，最后两人还合作出版了一本书。在这些作品中，奥格登进一步提出文学阅读和精神分析的类似之处，他还提出我们面对的无意识不是弗洛伊德那种无意识，而是比昂突出了无意识，一种具有主体间性的无意识（Ogden 2012, 2013a, 2013b）。

　　奥老师显然并不满足做个人开业的精神分析师了，他最终和儿子成为了同行——文学系教授。从 2014 年到 2022 年，他还出版了三本小说，这些小说，让奥格登得到了"精神分析第二才子"的荣誉，老才子亚隆则名列第一。他们的文学造诣，虽然和那些得到诺贝尔文学奖的心理咨询师比较起来，还有一定距离，但是他们却是在心理治疗界也有重大影响的人物[1]（Ogden 2014b, 2014c, 2022）。

　　穿插于各部小说创作之间的，仍然是大才子有关精神分析文体的洞见。

　　2016 年，他发表了论文《论精神分析中的语言和真理》（*On Language and Truth in Psychoanalysis*）。这篇文章区分了三种沟通形式产生的话语，分别是直接话语、离题话语和瞎猜话语（*direct discourse, tangential discourse, and discourse of non sequiturs*）。文章认为这三种沟通不但可以呈现和抵达精神分析的真理或真相，而且它们本身就是真理组成的有机成分，在话语断裂时也可以呈现出真理。这篇文章案例讲得头头是道，但是大篇大篇的理论阐述居然无参考文献，少数的参考文献中居然把莎士比亚 1610 年的戏剧《暴风雨》也列了出来，只是因为莎士比亚在这部剧中自己新创了一个词，让奥格登赞叹语言的活力（Ogden 2016）。

　　2020 年的文章《体验罗伯特·弗罗斯特和艾米莉·狄金森的诗歌》

1　最早的时候，都是心理咨询师的个案们得到了诺贝尔文学奖，比如荣格的个案黑塞，比昂的个案荒诞派喜剧大师贝克特。后来人们惊奇地发现，心理咨询师们自己走上了诺贝尔文学奖的领奖台，如瑞典的特朗斯特罗姆（Tranström）（他的名字也有翻译为"特朗斯特勒默"）和波兰的托卡尔丘克（Tokarzuk）。另外一位葡萄牙的精神科医师安图内斯（Antunes），也共享了村上春树（Murakami Haruki）和弗洛伊德的命运，多年来一直是诺贝尔文学奖的热门人选，但都擦肩而过了。

（ *Experiencing the Poetry of Robert Frost and Emily Dickinson* ）则是真正的"体验文"，全文都是沉浸于诗歌的节奏和音律中，只是在开头说了几句，这种审美体验和精神分析中聆听病人是类似的，参考文献只有两篇，都是文学的，他连自己的文章都不引用了（Ogden 2020）。

2021年的文章，《作为虚构文学的精神分析写作》（ *Analytic Writing as a form of Fiction* ），是他最近一篇关于文学与精神分析的论述，这篇短短三页的文章，更像是法国1968年"五月风暴"的宣言，估计一众精神分析的文学粉丝们看了之后难免心潮澎湃，赞颂此文——字字句句闪金光，照得咨询师心头亮，工作学习有方向。

在这篇文章中，他首先倡导，写作和做梦都是精神分析的基本修养，在写作中，分析师参与了充分存在和完全成为自己的过程。分析师写作中的个案和自己都是一种虚构文学，表达的是隐喻和幻想中的分析过程。写作不但写出了分析过程中的真实和鲜活，也写出了虚假和死寂。而写作中描述重于诠释，描述可以展现分析的非直线、非因果性，以及分析的复杂性。不断分析的过程是虚构性的，包括分析的理论，如超我、本我等术语，也只是一些理念，也是虚构性的（Ogden 2021b）。

奥格登正在提供一种文体理论、一种精神分析界的《文心雕龙》。与此同时，他提出了一种个性化的精神分析风格。奥格登的分析，也许我们可以称之为"奥派分析"，就像人们称呼"奥派经济学"一样。

结　语

在电影《弗洛伊德的最后一次讲习》（ *Freud's Last Session* ）中，构造了弗洛伊德与文学家 C.S. 刘易斯的对话。弗洛伊德对待文学家的态度，也是他对待文学的矛盾态度：一方面，他试图把精神分析发展成为一门科学，和物理学并驾齐驱；另外一方面，他的24卷文集中，没有任何一篇文章使用了科学的语言——数学，来探索人类心灵。

电影中特地安排了一组镜头，描述弗洛伊德离死不远，回忆起这一生爱恨情仇，其中重要一幕，就是他穿梭于德国的"茅盾文学奖"——歌德奖的杯觥交错中。

弗洛伊德的后继者中，奥托·肯伯格得其骨，把精神分析朝着神经科学的方向发展；奥格登则得其魂，不断发展出一种文学化的精神分析。

除了本书中各篇文章，这里顺便介绍一下奥格登其他的有关精神分析风格的论述。

在 2007 年的论文《论作为梦想的说话》（ *On talking-as-dreaming,* Ogden 2007a ）中，他对治疗师和来访者闲聊谈天这种方式进行了反思，认为这种谈天是一种清醒状态的梦想，可以帮助来访者进入梦想的心理机制中，把未曾做的梦给孵化出来。

同年的论文《分析风格的元素》（ *Elements of Analytic Style: Bion's Clinical Seminars,* Ogden 2007b ）是他对比昂的研讨会进行创造性阅读的结果。他首先清晰界定了分析风格的定义。他认为分析风格是和分析技术对立的一个概念。分析技术很大程度上是由分析界的前人发明的一套套实践的原则，而分析风格则源于分析师自己的人格和体验。

但是，并不是每一种治疗师"风格"都是"分析"的，也不是每一种"分析"实践都是具有治疗师自己的"风格"的。

"分析风格"有四个要素：①分析师能够运用其人格的独一无二的特点，并且有能力以这种人格特点说话。②分析师能够运用他自己作为分析师、作为被分析者、作为父母、作为儿童、作为配偶、作为老师、作为学生、作为朋友等的自身体验。③分析师能够吸收其他同行的理论和技术，同时又能够保持独立于这些理论和技术。分析师必须透彻地学习分析理论和技术，为的是自己能够忘掉这些理论和技术。④分析师的责任是为每一

个病人重新发明精神分析。分析师的风格是一种鲜活的、不断改变的和分
析师自己与病人待在一起的方式。

2009 年，加伯德和奥格登发表了论文《论成为精神分析师》（ *On Becoming a Psychoanalyst*, Gabbard & Ogden 2009 ）。在此文中，他们延续和扩充了有关分析风格的思想。他们一致认为，在分析师职业生涯发展的过程中，发展出自己独特的人格特点所具有的特色是最重要的。他们提出了在成为分析师的过程中四个方面体验最为重要：第一，分析师能够思考和梦想自身的生活体验，并从这些体验中学习。第二，为了思考和梦想自身的体验，分析师需要有足够的属于个人的、与世隔绝的时段，这和参与别人的心灵过程同样重要。他们特别提出，在两次会面之间进行心理工作和在会面当场的心理工作是同样重要的。第三，成为分析师包括一个"充分梦想自身以进入存在"（ dreaming oneself more fully into existence ）的过程。这一次，他们清晰定义了梦想（ dreaming ）这个术语的定义，它指的是思考的一种最复杂的形式。在这种被命名为"梦想"的思考形式中，个体能够超越思考次级过程的逻辑性，但是又不失去和这种逻辑形式的联系。通过梦想的工作，我们创造出个人的、象征的意义，从而成为我们自己。而他们说的充分梦想自己进入存在，也正是这个意思。如果缺乏梦想，我们就没法从我们生活的体验中学习，从而不断地陷入无尽的、不变的当下时刻中。第四，他们提出，分析师成熟的过程也就是容器 – 内容物不断成长的过程。正如奥格登在另一篇论文《重新发现精神分析》（ *Rediscovering Psychoanalysis* ）中所言，成为分析师的过程对他来说就是重新发现精神分析的过程（ Ogden 2009c ）。

在 2018 年的文章《我如何与病人们说话》（ *How I Talk With My Patients* ）中，他再次颠覆了弗洛伊德发明的精神分析基本原理，就是把无意识意识化，把感知觉和情绪为主的初级过程转化为以思维为主的次级过程，他也

反对共情理解的深化。相反，他提出误解是非常有价值的，认为误解开启了多种可能性，带来了谦逊感，让分析双方面对了相对的无知性，以及绝对的不可知性。分析师的确定感，可能带来分析过程的僵化，妨碍来访者的心灵成长。在技术上，奥派分析更加重视描述，而不是解释，其中还配上了很多具体的对话，和他早期的《投射性认同和心理治疗技术》（*Projective Identification and Psychotherapeutic Technique*）一样，颇具可操作性（Ogden 2018）。

以上就是奥格登的奥派精神分析的大致内容，他创造了一种无流派的流派，使用文学作为精神分析的语言，强调了分析中的诗性和个人风格，从某种程度上说，他完成了弗洛伊德的文学梦。而弗洛伊德，作为一个神经科医生，数次申请诺贝尔生理学或医学奖落败，但墙内开花墙外香，他却被文学界肯定，而他的后人们，几位心理咨询师，却青出于蓝而胜于蓝，获得了诺贝尔文学奖[5]。

但是奥格登的作品，也有不少的不足之处，体现在以下方面：

第一，心理咨询创新，都应该在充分总结前人经验的基础上，而且应该是全面总结整个行业的经验，而不是仅仅限于自己所皈依流派和协会的文献。

奥格登虽然总结了很多正统精神分析界有关精神分析文学性的文献，但是，有关心理咨询的文学性，我们首先应该参考的是诗歌疗法、写作疗法等艺术治疗领域作者的文献。其次，哪怕是目光仅仅局限于精神分析界的文学性，他作为天下第二，也没有引用另外两位"天下第一"才子的著作——一位是活着的"天下第一"，即亚隆，另外一位是死了的"天下第一"，即荣格。

第二，如果我们跨越学科，直接到文学领域为自己寻找理论依据，那么就必须在认识论上革新，不能使用传统精神分析的医学逻辑实证主义，而应该更换为实用主义、建构主义等认识论。奥格登已经隐约地认识到了这一点，但是并没有明确提出。

第三，在临床技术上，"无常无我"的个人化技术风格，当然是值得肯定的，但是不应该就此否定"有常有我"的工作模式。所以其理论应纳入田歇和布尔克（Tansey & Burke）的"从投射性认同到共情"的三阶段九步骤模型，以及荣格派的移情炼金术和十牛图模型。

第四，最后，也是最重要的，迈向文学化、艺术化的精神分析，表面上看起来是在补充精神分析的短板，但是一旦越过某个临界点，它就会腐蚀乃至摧毁精神分析的基础。轻则造成伦理困境，比如说我们可以和来访者达成一致，一周 5 次上躺椅，就这么诗意浪漫地主体间交流下去，然后 10 年过去了，100 万的咨询费用完了。来访者及其家属发现，当初的抑郁人格障碍并没有缓解，便上诉法庭，控方律师邀请了某精神病院的各位精神科老专家、某大学的各位心理学老教授，组成了司法鉴定组。老专家们不但对精神分析嗤之以鼻，连整个心理治疗界也认为是医院医务科不得志的中年人伙同副院长乱搞的玩意儿。老教授们也认为心理治疗和我们无关，那是医学院的事情，心理咨询嘛，虽然给院系带来了一些收入，但是毕竟不是科学啊，不是脑、光、电的神经认知心理学啊。结论就是，这位文学化的精神分析师，北京朝阳区或上海静安区的"奥格登"，在专家的眼里，是违反了"不胜任"原则的，他或她提供的"精神分析"，接近于日本京都祇园的艺伎表演，它可以算作一种具有美感价值、别具异域风情的艺术活动，但是这种艺术活动为什么要归结为中国的心理咨询这一门类，而且最关键的是，凭什么收那么多钱，比专家号还贵？

精神分析，如果把她看作一个医学院学生，那么在她的意识层面，期望是把自己构建成医学科学的一部分，和物理学家、化学家共同跻身亮闪闪的舞台，但是她的行为、她的无意识层面，却踱步迈入了樱花盛开、红叶满山的文学之林。

　　说到底，医学和文学还是辩证的理智和情感的关系。理而无情，则气质不化而无以治己；情而无理，则辩理不真而无以应物。心虚烛照，情理共化，则除去一切积滞，解脱万般尘情。

附　录

奥格登出版书籍：

Ogden, T. H.（1982）. *Projective Identification and Psychotherapeutic Technique*. New York: Jason Aronson. 中文版为〔美〕托马斯·奥格登著，杨立华译.（2024）.投射性认同与心理治疗技术.重庆：重庆大学出版社.

Ogden, T. H.（1986）. *The Matrix of the Mind: Object Relations and the Psychoanalytic Dialogue*. Northvale, NJ: Jason Aronson. 中文版为〔美〕奥格登着，殷一婷译.（2017）.心灵的母体：客体关系与精神分析对话.上海：华东师范大学出版社.

Ogden, T. H.（1989）. *The Primitive Edge of Experience*. Northvale, NJ: Jason Aronson. 中文版为〔美〕托马斯·奥格登著，卢卫斌译.（2022）.原始体验的边缘.重庆：重庆大学出版社.

Ogden, T. H.（1994）. *Subjects of Analysis*. Northvale, NJ: Jason Aronson.

Ogden, T. H.（1998）. *Reverie and Interpretation: Sensing Something Human*. London: Routledge.

Ogden, T.H.（2001）. *Conversations at the Frontier of Dreaming*. Northvale, NJ: Jason Aronson.

Ogden, T. H.（2005）. *This Art of Psychoanalysis: Dreaming Undreamt Dreams and Interrupted Cries*. London: Routledge. 中文版为〔美〕托马斯·奥格登

著，张旭译 .（2008）.精神分析艺术：导出未做之梦，延续被打断的呐喊 . 北京：北京大学出版社 .

Ogden, B. H., & Ogden, T. H. （2013）. *The Analyst's Ear and the Critic's Eye: Rethinking Psychoanalysis and Literature*. London: Routledge.

Ogden, T. H.（2013）.*Creative readings: Essays on seminal analytic works*. Routledge.中文版为〔美〕托马斯·奥格登著，周洁文、殷一婷、何雪娜译.（2024）.创造性阅读.重庆：重庆大学出版社.

Ogden, T. H.（2013）. *The Parts Left Out: A Novel*. London: The Karnac Library.

Ogden, T.H.（2014）. *Rediscovering Psychoanalysis: Thinking and Dreaming, Learning and Forgetting*. London: Routledge.中文版为〔美〕托马斯·奥格登著，殷一婷、何雪娜、周洁文译.（2024）.重新发现精神分析——思考与做梦，学习与遗忘.重庆：重庆大学出版社.

Ogden, T. H. （2016）. *The Hands of Gravity and Chance: A Novel*. London: The Karnac Library.

Ogden, T. H.（2016）. *Reclaiming Unlived Life: Experiences in Psychoanalysis*. London: Routledge.

Ogden, T. H.（2022）. *This Will Do: A Novel*. London: The Karnac Library.

Ogden, T. H.（2022）. *Coming to Life in the Consulting Room: Toward a New Analytic Sensibility*. London: Routledge.

参考文献

托马斯·H.奥格登著，卢卫斌译 .（2022）.原始体验的边缘 . 重庆：重庆大学出版社 .

李孟潮 .温尼科特能否于母性毁灭阴火中熔炼出哲学 - 科学 - 艺术 - 神学之四

大合金? ——《成熟过程与促进性环境》中文版读后感. 见〔英〕唐纳德·温尼科特著, 唐婷婷主译, 赵丞智主审.(2017).成熟过程与促进性环境：情绪发展理论的研究.上海：华东师范大学出版社.

Ogden, T. H.(1988). Misrecognitions and the fear of not knowing. *Psychoanalytic Quarterly*, 57: 643-666.

Ogden, T. H.(1989). On the concept of an autistic-contiguous position. *International Journal of Psycho-Analysis*, 70: 127-140.

Ogden, T.H.(1991). Analysing the matrix of transference. *International Journal of Psycho-Analysis*, 72: 593-605.

Ogden, T. H.(1992). The dialectically constituted/decentred subject of psychoanalysis. I. The Freudian subject. *International Journal of Psycho-Analysis*, 73: 517-526.

Ogden, T. H.(1992). The dialectically constituted/decentred subject of psychoanalysis. II. The contributions of Klein and Winnicott. *International Journal of Psycho-Analysis*, 73: 613-626.

Ogden, T. H.(1994).The analytic third-working with intersubjective clinical facts. *International Journal of Psycho-Analysis*, 75: 3-20.

Ogden, T. H.(1994). The concept of interpretive action. *Psychoanalytic Quarterly*, 63: 219-245.

Ogden, T. H.(1994). Subjects of Analysis. Northvale, NJ: Jason Aronson.

Ogden, T. H.(1996). Reconsidering three aspects of psychoanalytic technique. *International Journal of Psycho-Analysis*, 77: 883-899.

Ogden, T. H.(1997). Reverie and metaphor: some thoughts on how I work as a psychoanalyst. *International Journal of Psycho-Analysis*, 78: 719-732.

Ogden, T. H.(1998). A question of voice in poetry and psychoanalysis.

Psychoanalytic Quarterly, 67: 426-448.

Ogden, T. H.(2000). Borges and the art of mourning. *Psychoanalytic Dialogues*, 10: 65-88.

Ogden, T. H.(2000). Stumbling upon a borges poem. *Fort Da*, 6: 101-102.

Ogden, T. H.(2001). An elegy, a love song, and a lullaby. *Psychoanalytic Dialogues*, 11: 293-311.

Ogden, T. H.(2004). The analytic third: implications for psychoanalytic theory and technique. *Psychoanalytic Quarterly*, 73: 167-195.

Ogden, T. H.(2005). On psychoanalytic writing. *International Journal of Psycho-Analysis*, 86: 15-29.

Ogden, T. H.(2009).Kafka, borges, and the creation of consciousness, part I : kafka—dark Ironies of the "gift" of consciousness. *Psychoanalytic Quarterly*, 78: 343-367.

Ogden, T. H.(2009). Kafka, borges, and the creation of consciousness, part II : borges—a Life of letters encompassing everything and nothing. *Psychoanalytic Quarterly*, 78: 369-396.

Ogden, T. H.(2009). Rediscovering psychoanalysis. *Psychoanalytic Perspectives*, 6: 22-31.

Ogden, B. H., & Ogden, T. H.(2012). How the analyst thinks as clinician and as literary reader. *Psychoanalytic Perspectives*, 9 (2), 243-273.

Ogden, B. H. & Ogden, T. H.(2013). What is psychoanalytic literary criticism? *Fort Da*, 19: 8-28.

Ogden, B. H., & Ogden, T. H.(2013). *The Analyst's Ear and the Critic's Eye: Rethinking Psychoanalysis and Literature*. London: Routledge.

Ogden, T. H.(2013). *The Parts Left Out: A Novel*. London: The Karnac Library.

Ogden, T. H. (2014). Fear of breakdown and the unlived life. *International Journal of Psycho-Analysis*, 95: 205-223.

Ogden, T. H. (2016). *The Hands of Gravity and Chance: A Novel*. London: The Karnac Library.

Ogden, T. H. (2016). On language and truth in psychoanalysis. *Psychoanalytic Quarterly*, 85: 411-426.

Ogden, T. H. (2018). How I talk with my patients. *Psychoanalytic Quarterly*, 87: 399-413.

Ogden, T. H. (2020). Experiencing the poetry of robert frost and emily dickinson. *Psychoanalytic Perspectives*, 17: 183-188.

Ogden, T.H. (2021a). What alive means: On Winnicott's "transitional objects and transitional phenomena". *International Journal of Psycho-Analysis*, 102: 837-856.

Ogden, T.H. (2021b). Analytic Writing as a form of Fiction. Journal of the American Psychoanalytic Association, 69: 221-223.

Ogden, T. H. (2022). *This Will Do: A Novel*. London: The Karnac Library.

Seiden, H.M. (2004). On relying on metaphor: What psychoanalysts might learn from Wallace Stevens. *Psychoanalytic Psychology*, 21 (3), 480-487. https://doi.org/10.1037/0736-9735.21.3.480.

李孟潮，心理学博士，精神科医生，个人执业

2024年5月

译者序 1

I

托马斯·奥格登是一名精神分析学家和作家。他出生于1946年12月，在美国加利福尼亚圣弗朗西斯科生活和工作，今年77岁。他在阿姆赫斯特学院获得了学士学位和硕士学位，并在耶鲁大学获得了医学博士学位。

后来，他先在伦敦的塔维斯托克诊所担任了一年的副主任医师，然后在旧金山精神分析协会接受精神分析训练，他现在已经是这个地方的老师了。他曾经是精神科高级研究中心的联合主任，担任过25年时间。另外，他还是国际精神分析期刊的北美编委会的成员。

奥格登本人认为自己并非任何一个精神分析学派的支持者或反对者，但他受到了英国学派，包括温尼科特、克莱因和比昂等客体关系学派的影响，也受到了美国的人际关系学派的影响，如沙利文。此外，他还受到一些文学家如波爵斯的影响。在他的精神分析中，奥格登强调个人生动和有生机的时刻的重要性，并将其视为一种人性之光的体验，而非科学机械化的特征。因此，他在很大程度上将自己视为独立思考者。

托马斯·奥格登对当代精神分析有非常大的贡献。这些贡献可以说是非常具有创造性的。他的这些创造性让他成为同一辈当中最具有吸引力和最具有创新精神的精神分析学家之一。在2017年的时候，奥格登接受了一个采访。他实际上很少接受这样的采访。接受这个采访的理由是他的一本小说，叫《遗漏的部分》（2014）的西伯来文版受到了很广泛的欢迎。

在这个采访里，他提到了一些看法。这些看法对我们更充分地阅读《遐想与解释》一书非常有帮助。

他说："大多数分析师都渴望科学。我认为这是很荒谬的。心理分析不是一门自然科学，充其量是一门社会科学，可能更接近于一种文学体验，一种语言体验。……你实际上是在想象你必须以某种方式用语言捕捉的体验，或是用语言所捕捉到的人性的体验。"

在谈到改变是如何可能的时候，他引用了温尼科特的想法，也就是，作为一种不充分但却是必要的条件，分析需要患者和分析师共同的生活和体验，然后从中学习。他觉得这个就是他所强调的部分。他说，能够以文学的形式创造一种体验，让读者与我作为作家生活在一起，并因此而改变。奥格登的说法是，重要的是给人们留出空间，让他们用这些空间来做自己的事情。你做什么，我做什么，其他人做什么，都是不相同的。奥格登认为这才是接纳，才是参与者的开放。所以，对奥格登来说，最基本的分析规则是你与这个人建立一种你从未与其他人所进行过的对话。这与弗洛伊德的规则——说出你心中的所想——完全不一样。

II

要理解奥格登，就需要对精神分析的客体关系理论有一定的了解。对弗洛伊德来讲，人格发展的最基本动力就是力比多。这是人类行为的一个基本驱力。力比多的发展受阻，就会发展成各种各样的症状。弗洛伊德也重视精神的主观世界，重视对主观世界的理解。这个态度，在对精神现象的理解的德国传统里，或者欧陆传统里，都是十分重视。但在本质上，他还是科学家。

克莱因并不认为力比多是最基本的驱力，人的心理发展上最基本的驱力是关系寻求。人首先是在关系当中存在的。无论婴幼儿的心智发展处在什么样的一个位置，他最基本的驱力是去寻求关系或者是情感上的联结。这与弗洛伊德的看法是非常不同的。

所以，在克莱因的理论构架里面，婴幼儿的内在的世界怎么样来觉察他所处的人际环境，或者怎么样觉察他所在的母婴关系呢？克莱因假设婴幼儿有一些不同的心智结构。最初的心智结构是所谓"偏执位"，然后是"偏执－分裂位"，再到"抑郁位"。处于偏执位的婴幼儿，以自我为中心，他要让自己的欲望得到满足。但是，他并不会以复杂的认知情感结构来认识和理解他所处的人际环境。

这个认知情感模型显然太简单了一点。这个自我中心的婴儿，希望自己生物的需求能够得到满足，但在实际的养育过程，却产生了"偏执位"认知情感结构所不能认识和理解的经验。因为，能够哺乳的乳房可能在，也可能不在。如果能够哺乳的乳房不在的话，婴儿就会产生一种挫败感。这样的经验反反复复，其结果是建立起一个所谓的"好的乳房"和一个"坏的乳房"，对应着"好的客体"和"坏的客体"。这是两种截然不同的对象，但是婴儿并不知道这两种截然不同的对象原来是来自同一个乳房。这很难理解。所以，婴儿的内在幻想要将二者分开，这就是所谓的"分裂"和偏执－分裂位。

随着心智的发展，有一天他忽然发现这两个乳房原来是同一个乳房。他会发现对于坏乳房的攻击，其实也会把好乳房也毁灭了。这种攻击就会让他产生一种攻击自己、自责和后悔的愧疚心态。这样，就开始了从偏执－分裂位到抑郁位的变化。这个过程，其实是形成一种复杂认知－情感模型的必经阶段。到了抑郁位，幼儿基本上就可以知道对象本身的复杂性。能认识到对象本身的复杂性，同时也认识到自己的复杂性。比如说，好的乳房所同时形成的好的自体，坏的乳房所同时形成的坏的自体，也开始整合了。这个模型显然更符合他实际所处的人际环境和母婴关系的实际形态。

后面，客体关系理论有非常丰富的发展。这里，克莱因的理论架构可以帮助我们来理解《遐想与解释》一书奥格登的写作。在他对案例的描述中，他会用生机和死寂。这些时刻都和克莱因的原创思想，偏执位、偏执－分裂位和抑郁位紧密联系在一起。在分析的过程当中，当事人所表现出的一些状态，可以用这几个位置来进行衡量。在此过程中，因为分析所产生的主体间性分析的第三方，让奥格登能够与他的受分析者共同体会体验中的"死寂"，并且让这些"死寂"的部分能够用语言表达，从而获得了共有的"生机时刻"。一旦有了表达，也就完成了"哀悼"的过程。这个生机时刻，既是体验性质的，也是通过语言来完成的，同时促进了当事人内在某种心理的状态，或者是位置的转换。这种转换是巨大的、深刻的和令人感动的。

III

奥格登改变了精神分析的一些基本规则。比如，在精神分析中较常用的设置，即告诉我你脑中所发生的一切。但在与病人的分析过程中，他发现病人试图这样做，但随后，经过多年的分析，病人梦到自己在帘子后面脱光衣服洗澡，帘子是布的，另一个人随时可能闯进来。奥格登认为，这表明弗洛伊德提出的精神分析基本规则有些问题。奥格登认为，在分析过程中，隐私部分实际上是有自主权的，他可以选择告诉你或不告诉你，这也意味着他可以创造出自主的空间，即使是在无意识层面。

奥格登提出的最重要概念之一或许就是主体间性分析的第三方，也叫分析性第三方，或者就叫第三方。这个概念与我们传统的对象化认识不同。分析性第三方是在分析场域中产生的任何双方都能意识到的言语、感受、想法、梦、身体反应等。这些通常以遐想的样貌出现。因为产生于独特的分析场域中，所以它独一无二、富有意义，并与当事人的生活紧密联系。

在这个过程中，分析师自己的遐想也参与其中。这个遐想，传统上指的就是分析师的反移情。在精神分析史上，费伦奇第一次提出反移情在治疗中的作用。弗洛伊德可不这么看。他认为分析师要尽可能避免自己的反移情干扰分析过程。后来的发展，我们都知道了，就是分析师可以通过反移情对当事人进行工作。在精神分析诊断手册中，分析师的反移情反应实际上也是精神分析评估与诊断的重要参考。

在奥格登的写作中，会在移情和反移情之间加一个连接符号，表示移情和反移情的反应无法截然区分。如果移情和反移情反应无法截然区分，即移情－反移情反应，那么对主体间性分析的第三方就非常容易理解了。这是产生某种主观体验的过程，极富艺术性。

《遐想与解释》这本书是奥格登在专业期刊上发表的文章的合集。奥格登很少讲概念，通常采用案例描述的方式来说明他的一些看法。但需要提醒的是，如果我们将奥格登的作品当作文学作品来阅读，可以非常个人化地去体验人性之光。但如果把奥格登个人化的分析风格，包括对移情或反移情的概念的理解，看作非常容易达到的状态，可能非常容易产生误用。

在心理咨询或心理治疗中，我们还是需要接受系统的训练，然后在有督导的前提下尝试使用它的方法。奥格登自己也说过，他的工作过程的描述，并不具有指导意义。实际上，它是艺术的，极富创造性。在分析开始，我们并不知道有意义的、主体间性的分析第三方是什么，什么时候产生，什么时候在脑中产生了它的意义。一旦产生了，表达了，这个完成了使命的第三方也就消失了，了无痕迹。一旦你试图去追逐它，那就变得极其机械了。

IV

这本书从接触到它到即将出版的现在，已经过去 10 多年的时间了。大约在 2008 年，我开始能够读一些精神分析的原著。这本书本身也是读了一些时间。2011 年，我参加了吴和鸣带领的精神分析小组。这个小组有一些临床研讨活动。在他的推荐下，奥格登理论显然可以作为一个方向，就像对于温尼科特、克莱因、比昂等等。所以，后面大家就知道，我们很多人都会有一个专门的研究方向。

当时我就把奥格登的很多作品都看了一下，也试图翻译奥格登的文章和书籍，包括这本书。后来机缘巧合，得知重庆大学出版社购买了此书的版权，并且已经开始翻译了，我和陈明就开始了合作翻译的过程。我们是有心理学专业背景的，所以对奥格登作品中的概念理解大差不差。但是我们不是文学专业背景的，奥格登本人是一位作家，他的写作和用词有他特别的一些用意。比如，在第 8 章，他去读弗雷斯特的诗，读诗的体验和精神分析的体验其实是接近的。我们再来读这个部分的时候，如何在翻译的过程中也能够把英文版字里行间的意思表达出来，就有一些比较大的挑战。在这个过程当中，我的学生也提供了一些帮助，我也带着他们一起以翻译的方式学习奥格登。2020 年，我和熊冰雪重新校读、翻译最初译稿，并交付出版社。

奥格登的这本书适合广泛的读者群体。我个人的体会是，对于接受过专业或科学训练的人，理解奥格登讲述的人文精神及在分析过程中体会、感知人性之光的难度较大。他提到的"精神分析的艺术"这样的高级状态，确实值得我们羡慕和努力追求。但是，考虑到中国心理咨询和治疗行业的发展状况，我个人更倾向于强调基础训练、个人成长和遵循规范的专业训练。我的想法是希望有更多的政策支持以吸引更多优秀的从业者加入，以促进行业的发展，而从业者的成长路径应根据个人特性而定。

　　奥格登本人接受了系统的、严格的训练，终于成了他自己。大多数人难以达到奥格登这样的高度。即使在精神分析领域，他也是少见的，他同时具有精神分析的天赋和写作的天赋。大多数人在学习或阅读时，不能也不会成为奥格登，我们只能成为自己。无论是慢慢地成为工匠还是艺术家，都取决于我们自己。我们在多大程度上成为自己也决定了我们能帮助多少人，能帮助到哪些当事人，以及在多大程度上促进他们的改变。

孙启武

于 武汉华中师范大学文华公书林

2024 年 3 月

译者序 2

与奥格登思想相遇源自李孟潮老师的推荐。10 多年前，国内的精神分析圈还没有完全商品化的时候，李孟潮老师就已经搭建了一个氛围良好的精神分析讨论群。在那里，我们不仅可以谈论自己对精神分析的困惑，也接触到了李孟潮老师分享的大量原版书籍。其中，奥格登的著作尤为特别。

印象深刻的部分是奥格登说："阅读温尼科特，需要大声地读出来。"直到翻译了这本《遐想与解释》之后，才知道了字里行间的深意，这意味着每一句话的空白处、音调的起伏都有着内隐的意思，或许这就是精神分析语言疗愈的功用所在。

就像很多精神分析师一样，奥格登也有着一位抑郁的、接受精神分析的母亲，奥格登在接受《国土报》的采访中提到："我不知道分析意味着什么，但我知道她离开了家，家里还额外有一个人，和小我两岁的弟弟、父亲、母亲在一起。"

我不知道这种冥冥中一直觉得还有额外的一个人的感受是不是"分析性的第三方"的源头。显然，奥格登的精神分析事业一直在追寻其中的原委——正如他的学术历程一样——本书汇编的论文集的顺序也是如此，读者可以从文字的妙用中进入精神分析的世界，并跟随作者，在用案例和解析编织的章节中逐步了解到投射性认同、分析性第三方、遐想、梦等概念的滋味。

在本书中，我们之所以将 reverie 翻译为"遐想"，是因为 reverie 有很多的层次。正如本书第 6 章的论述：首先，reverie 有走神的含义，大家都知道，咨询师在一节咨询中会跟着来访者的讲述走神很多次，在此过程中，夹杂着来访者叙事中的情境、情感，同时也通过潜意识激活了咨访双方共有的"人性之光"；其次，在这个共有的第三方层面，又会有分析师自己的涵容性加工过程；再次，是分析师对这个加工过程的觉知、分析；最后，才是分析师对患者的共情与干预。

奥格登接受过严格的文学训练，用词精准，语句结构严谨，他的书一直是翻译最困难的一部分，给翻译带来了很大的困难，不足之处还请同行斧正。在此感谢鹿鸣心理王五云、敬京等编辑的鼓励和信任。最后感谢李孟潮老师多年来的引领、孙启武老师在翻译最困难之时的协助，以及一直和自闭症儿童工作的妻子徐文燕女士的支持。

陈　明

于 常熟瞿巷

2024 年 3 月

目　录

第1章　精神分析的艺术　/1

第2章　对"生机"和"死寂"形式的分析　/15

第3章　分析中的倒错主体　/43

第4章　隐私、遐想与分析技术　/68

第5章　梦的自由联想　/88

第6章　遐想与解释　/101

第7章　论精神分析中语言的运用　/129

第8章　聆听：三首弗罗斯特的诗　/151

参考文献　/178

索引　/188

坐在那张椅子上，

摇晃着，凝望着墙纸出神，

那人看似

沉浸在缠绕的藤蔓里，

似乎一切皆化作这缠绕升降的藤蔓，

从虚无中生长，

数秒之内便迅速达到全盛，

然后又一样迅速消失，

回归自身，了无痕迹。

罗伯特·穆齐尔[1]，《五个女人》，1924

精神分析的艺术

　　与人一样，我们必须允许词汇和句子存在某种流动性。这并不是说，我们可以按照自己的意愿来任意解读或认定词汇、句子（以及人类）的含义。相反，我要强调的是，当用越来越精细的方式去定义、去限定言语的意思（或我们是谁）时，这种做法会扼杀我们的想象力。想象力取决于众多可能性。在本书中，词汇和句子充其量只会被松散地"固定在纸面上"（Frost 1929，p.713）。我将会使用类似"生机"和"死寂"、"有人性的"和"不通情理的"、"真诚的"和"虚假的"这样的词汇而不去定义它们，除非——这是一个范围很大的例外——除非在句子中使用它们特定的含义。我将酌情考虑使用"空虚的""停滞的""陈腐的""胎死腹中的"等词汇去讨论情感死寂的经验。读者或许会合情合理地问道："当奥格登谈到情感死寂的时候，他脑中，若有的话，想的究竟是这些感受或状态中的哪几种？此外，情感死寂经验这一想法本身难道不正是一种矛盾修辞手法[1]吗？"我会请求读者允许我（和读者自己）为自己保留一个想象的空间，在此空间中，空虚的感受可能转变为死寂的感受，然后又转变为感受的死寂，接着再次回到空虚，读者在此过程中便能体会到情感死寂经验微妙变化着的意义。重要的是，我们在使用（或阅读）这些词汇时，无论是在口述、写作或阅读中，都要允许这些词汇已有的含义能被这些词汇所在的情感语境所改变或反过来影响这些新的情感语境。

　　我日益感到，在一小时精神分析中的特定时刻，对生机和死寂的感受可能是衡量分析过程最重要的尺度。尝试用语言捕捉／表达分析情境中

1　矛盾修辞手法指的是一种把互相矛盾或不调和的词合在一起使用的修辞手法，以起到强烈的修辞效果，例如，震耳欲聋的沉默、悲伤的乐观等。
　　——译者注

人类生机和死寂经验的微妙互动，是当代精神分析面临的主要挑战，也是本书关注的中心。虽然分析经验的这一侧面不会出现在每章最显眼的位置，我仍希望（读者）能在每一句话的背后都感觉到它的存在。

为了能在词汇中捕捉到一些富有生机的体验，这些词汇本身必须充满生机。它们活着并且在呼吸时，就如同音乐和弦一般。我们必须允许和弦或乐句的充分共鸣，以让其所有可能的不精确性都能被听到。当在理论思考和分析实务中使用语言时，我们都必须尝试着去成为音乐的创作者而非照搬乐句的表演者。为达到这一目的，我们并无多少其他选择而必须接受这样一个事实：词汇和句子的含义不是静止的，它们在不同的时刻会拥有不同的听感和意思。这也是为什么当病人希望我重复刚刚讲过的话时，我大意上会告诉他我做不到，因为那个时刻已经过去了。我会补充说，就刚才所发生的作为他感受的起点，我和他或许可以尝试就此说些他的感受。

如同人一样，词汇和句子也永远处于变化中。如果试图去固定词汇和句子的含义，就会把它们变成死气沉沉的雕像，或是变成被固定保存在实验室切片里的染色细胞，很难让人们想起它们原来也是来自活生生的组织。

当分析师或被分析者的语言变得陈腐，在表述活生生的人类经验时，这些语言将变得毫无用处。A.R.埃蒙斯曾将诗歌里富有生机的语言比作散步："散步牵涉一整个人；它是不可重复的；它的形态发生着，延展着；它包含了散步者独有的运动特质。"（A. R. Ammons 1968，p.118）我在精神分析对话中使用语言时，就非常渴求能够捕捉到埃蒙斯诗中的感觉。

这意味着在写作中想让一个人物、一种感觉、一个念头变得鲜活，就需要作者说出（或写下）的词汇和句子能在*读者阅读和听到的实际经验*中被找到。这对所有的文学作品和所有的精神分析作品都是一个挑战，毕竟这两者从根本上都涉及用言语去捕捉人性之光这一任务。作为读者，如果我们不能在阅读精神分析的文章、诗歌、其他文章或小说中感受人性之光，无论这种感受多么微弱，那么我们都无法从中有所收获。与诗歌和小说的作者一样，精神分析作家的作品也始终都努力地在语言的使用中创造着人类的生机体验。如果精神分析作家自身只满足于谈论"关于"生机和死寂的种种[那个"僵化的词关于"（Wm.James 1890，p.246）]，那么他的努力无疑会落空。若是为了达到能在精神分析情境中捕捉人类种种经验这一目的，这本书必须时刻进行这样一种尝试，那就是让作者在写作活动中以及读者在阅读活动中都能*体验到*存在于所使用的语言里的生机感。这本书只有达到我描述的这种程度才是有价值的，那就是读者在阅读句子时所产生的感受能让其时不时体验到什么是生机感，或者像弗罗斯特喜欢用"念台词"（Frost 1962，p.911）去形容这种感觉。

要从这本书的语言中收获那些富有生机的感受，读者至少需做一半的功课。"阅读过程不该是半睡半醒的状态，在其最高意义上，应该是一种运动，一种体操运动员般的努力……读者是在为自己做事，必须保持警惕，必须是他或她自己在真正指导着这些诗歌、论据、历史和形而上的文章——装饰着诸多提示、线索、起点和框架的文本。"（Whitman 1871，p.992）纸页上的这些黑白线条以及环绕在这些记号旁的空白本毫无生机，读者必须对它们做点什么。他必须积极主动，甚至热情地参与到这些文字中去，用他自身的行动和语言创造属于他自己的种种人性经验。毕竟还有什么语言比自己的语言更能创造出一种人性经验呢？

关于精神分析的生机指什么，最为机敏的评论并非来自精神分析师（如同你所预期的那样），而是来自小说家和散文家亨利·詹姆斯，他在1884年评论小说艺术时谈道：

那些肩负着重现生活这一任务的艺术，其健康程度取决于其是否自由。它依运用而活，而运用的含义恰好是自由。在拿起一部小说之前，我们唯一的责任，若没有被指责过于武断的话，只能是认为这部小说很有趣。

（Henry James 1884，p.49）

詹姆斯关于小说的论点（潜在的是关于读者和作者关系的论点）与精神分析的艺术以及理解分析师和被分析者间的关系有重要关联。一场分析必须是有趣的，这一极其重要的观点对我来说不仅是不证自明的，也是一个革命性的概念（参见，Phillips 1996）。有趣的是，这种分析必须能够被自由地"运用"，去塑造它自己，或者按参与者能够创造出来的形式被塑造出来。"运用"的自由就是对实验的自由："艺术靠讨论而活，靠实验而活，靠好奇而活，靠尝试的多元性而活，靠观点的交锋和立场的比较而活。"（Henry James 1884，pp.44-45）当分析有生机时，它会不由自主地把各时间段经营成一场实验，而这一实验早已远离了事先精心绘制的水域海图；分析是一场靠着好奇心和各种尝试供给燃料的讨论，是一种依赖于真诚的观点交流、立场对比的努力。当分析变成只是分析师向被分析者传递"知识"的一种例行公事时，它将变得索然无趣。如果答案从一开始就是确定知道的，那么至少在大体框架上，分析就不再是一场实验了。一部小说或一场精神分析的形式一定不能是事先规定好的。这样做就排除了实验：

对我而言，形式只有建立在这些事实之上才是值得赞赏的：在作者作出了选择之后……在我们可以跟着字里行间和指导前进之后……执行方式仅仅属于作者；这也是他最个人化的东西，我们会通过这个去衡量他。一名小说家的优势、奢侈以及痛苦和责任都来源于，对于他想成为一个怎样的执行者是没有限制的——对他可能的实验、努力、发现和成功都是没有限制的。

（Henry James 1884，p.50）

　　和小说一样，分析的形式也只能在事后被赞赏和肯定。例如，在分析关系的倒错场景中，分析师没有计划要去扮演某个角色。"脚本"或倒错情节的形式是被分析者内部客体世界的反映，由分析师和被分析者无意识的、主体间的建构所塑造。对形式意义的理解通常是回溯性的，并且此种形式是作者真正最为私人（个人化）的东西。作为分析师和被分析者，我们会高度要求自己不能依赖"事先规定好的"形式，并且要尝试对实验持开放性态度："对他（分析师或被分析者）所可能做出的尝试无限制性要求（感受和思维的广度、强度和复杂度）。"除此之外，我们也要求自己无意识地成为另一方无意识实验的主体。作为分析师，我们试图让自己无意识地成为觉受器，并在被分析者的无意识生活中扮演各种角色。这类无意识的觉受［比昂（Bion 1962a）所提出的"遐想"状态］包括（部分地）将自己的个别性交付于第三方主体。该主体既不是分析师也不是被分析者，而是分析双方无意识产生的第三方主体（Ogden 1994a）。持续不断地让自己处在这种状态中不是一件小事：它代表了一种正在进行着的情感排放，在其中分析师和被分析者都能达到"失去理智"（即他作为一个截然不同的独立个体去思考和创造经验的能力）的状态。

　　只有在一场分析的终止过程中，分析师和被分析者才会"重新找回"他们各自的心智，但是这些"被重新找回"的心智将不再是他们最初进入这场分析体验时的个体心智了。这些个体不复存在。分析师和被分析者作为"被重新找回"的独立个体，在很大程度上，是他们在第三方的分析性主体（"分析中的主体"）经验中被创造或被改变了的新精神实体。

　　在计划结束一场富有成效[1]的分析之前，被分析者若是体验到了分析师的死寂，这不仅是一次个人巨大损失的体验，同样重要的，也是对某类精神失常的体验。分析师的死寂阻止了被分析者充分找回其心智（有时这一心智并非专属于他）的可能。被（部分地）"遗失"的那部分心智，其实是在主体之间被创造和发展出来的。被分析者只能通过没有干扰的分析体验才能逐步让这部分"心智"为己所用。分析师的死寂则表示"（被分析者）赖以生存的地方"（Winnicott 1971a）被粗暴地破坏了。让分析师在整场分析中都保持生机是一项非常重的（也不可能完成的）责任，这构成了分析师这个职业所面临的压力之一，并且我认为这一点并未受到足够的重视。

　　精神分析艺术是这样的一种艺术形式，它不仅执着于需要创造出一个空间供分析师和被分析者生活这一问题，也要求我们发展出足够的语言运用能力，以便在这一永远变化的空间中为我们生活感受的体验发声。我们要求自己（和被分析者）尝试用自己的话语去发出自己的声音，因为这种尝试在很大程度上能让分析成为一项富有人性的活动。"执行方式

1　"富有成效"的分析这一概念需要与"已完成的"分析这一虚假概念进行区分。"已完成的"分析是指当所有移情冲突和扭曲都被成功"解决"之后，分析会自然走向终结。我们低估了因分析师的观念（很大程度上无意识的）而产生的压力，他（和几乎每位父母）潜在地承诺了他所不可能保证的东西——为被分析者（或者小孩）保持足够长久的生机，去提取/创造他自己的一个心智。这个心智能够产生一个独立的生活空间，这个空间处于双方共同享有的心智空间之外，但也没有完全独立于这个共同享有的心智空间。

仅仅属于作者；这也是他最个人化的东西……"但颇为自相矛盾的是，若分析师想要让自己说出来的话听上去自然而然、未经雕琢、毫不做作、不照搬精神分析手册条例，则需要大量的训练和经验。随着时间的流逝，这件事并不简单，它关乎分析师的个人成长，会让分析师越来越熟悉分析师这个角色，并且越来越对这个角色感到舒服。分析师在职业生涯的任何阶段，都要时刻注意用他自己的声音和他自己选择的词汇去替代"被广泛接受的"技巧中的那些陈词滥调。这些陈词滥调可能来自某一精神分析流派的思想，或者来自对他自己流派的分析师、督导师，或者，来自其他流派他尊敬和崇拜的分析师有意或无意地模仿或认同。

分析师真正的成就是发展出了对他的病人"说得明白"的能力。或许有人认为"说得明白"这一概念可与弗洛伊德对分析师的教导"听得明白"（Freud 1912，p.112）相类比。可是治疗师和分析师却常常使用"治疗式语言"（如在《安妮·霍尔》和《性、谎言和录像带》这样的电影里，用那种总是令人感到不安的但又正确的方式去拙劣而又滑稽地模仿）。这种僵硬的治疗式语言听上去不像任何形式的人类交谈。

要学会对病人用自己的声音和话语说话，就需要学会听，学会用*活灵活现的语言*"（Frost 1915，p.687）："在所有的作品和所有的诗歌散文中，最重要的就是声音的活动……让生活中的大小事件融入你的写作技巧，这是逃离枯燥修辞的唯一出路。"（p.688）这也是分析师避免枯燥的"治疗式"言辞或语言死寂的唯一出路。分析师的言语必须是由在那时那刻富有生机的个体所创造的。在分析师运用语言的过程中出现富有生机的人性化语言，与在诗词歌赋的写作过程中出现富有生机的语言一样困难。

若干年后，弗罗斯特（1912）拓展了*"活灵活现的语言"*这一概念：

写下的任何文字只要是戏剧性的就好……戏剧性的必然性在于需

深入句子的本质。除非句子足够生动，否则它不足以特别到引起读者的注意，这不是对各种句子结构的精巧布置能做到的。唯一能拯救这一点的，是让说话的语气在一定程度上与词语相互融合……为了能让富有想象力的耳朵听到。（p.713）

在这段话中，弗罗斯特的"戏剧性"这个词本身就有戏剧性。这个词的使用出人意料，然而却充分传达出了弗罗斯特称为"抓取"（1918，p.694）日常用词这一说法的含义。这些日常用词在某种程度上被转换成了新造词（从其常规位置"抓取"出来的词）。此处的"戏剧性"也是一个新造词，它已不再指装腔作势的、歇斯底里的、令人震惊的、华而不实的、魅力四射的、形状夸张的以及其他类似的意思。这似乎意味着，语言是私人的，是说话者所特有的，为当时说话的情境和话语的听者所特有。由此可知，"戏剧性"言语（与舞台表演式的演说恰恰相反）是一种具有高度启发性和亲密性的语言使用方式，因为当使用这种方式时，说话者是在将他依照自己喜好而量身打造的事物展示并且委托给另一个人。这种语言使用方式也是有风险的，因为它要求听者在这一过程中也为其发展出一些重要的东西。为了让语言富有生机并且发生于当下，为了"让说话的语气在一定程度上……与词汇相互融合"，说话者其实是在要求关于他自己的某些方面能"被［听者］富有想象力的耳朵"辨认出来。

如果一个人对"戏剧性"（亲近地或私人地）发言的尝试没有被理睬或是采纳，这不论是对分析师还是对被分析者来说都不是一件小事。当分析师的用词没有被听到，这是令人感到隔离、挫败和失望的事。当被分析者的用词（以及融合在他用词和说话语气里的那部分自己）没有被分析师听到，这将是一件更严重的事情。它反映出这样一个事实：在这个当下，这名分析师已经没有能力提供"一对富有想象力的耳朵"，也不再是一个可以待在一起、可以对话的活生生的人了。为此，被分析者自我保护式的后撤几乎可以肯定会随之出现［例如，以治疗内的见诸行动（acting-in）或治疗外的见诸行动（acting-out）、躯体化、躁狂依赖、偏执或自闭防御等形式出现］。不过这是人类对话的固有属性：来自分析师一方的这类失误虽令人痛苦，但还不至于惨烈。这是分析式对话韵律中的一部分，同样也是其他所有形式的人类对话韵律中的一部分。然而，在分析情境中，如果这种模式一直有增无减并且未被察觉，一些对分析更具破坏性的东西就会开始起作用。当分析师没有能力去分析那些无意识的想法、感受以及知觉（通常浮现在分析师的遐想经验中）时，这会让他无法自由地、富有想象力地去倾听，进而使横亘在分析师和被分析者之间的沟壑越来越大。在这种状态被察觉，并在分析过程中被展开成一幅自我反省的画卷之前，真实的分析工作都不会结束，不论是通过反移情分析还是通过病人成功地将问题让分析师注意到的方式。这样的僵局通常会需要专家顾问会商，或进一步的个人分析。

后面章节将会讨论到，我认为最基本的分析任务，包括分析双方努力帮助被分析者在他之前能达到的基础之上成为更完整意义上的一个人。这不是抽象的哲学追求，这和食物、空气一样，是人类的基本需求。在人的一生中，只有为数不多的几件事会随着时间的流逝让人觉得比生存更重要，成为一个完整的人就是其中之一。

说到这，我将再次向诗人和剧作家们求助，问他们应该用什么样的语言去描述生存与生机勃勃的体验之间的差异。有许多描述人类抗争命运的文学作品。在我看来，歌德的《浮士德》是最强有力的表达。当《浮士德》的主人公被仅仅看作为了获得无限制的人生乐趣（大部分是"被禁止的"感官享受）从而把自己的灵魂拿去"和魔鬼做交易"的人时，《浮士德》的复杂性就消失了。在我看来，《浮士德 I 》的开场呈现了非常有趣且复杂的角色和戏剧冲突。从开场我们就知道：浮士德在投入毕生精力研究"哲学、法律、医学——还有最糟的——神学"之后，就陷入了深深的绝望。"我仍然是个可怜的傻子，也没有比以前更聪慧。""任何事情都不能让我快乐。""绝不会有人愿意像这样继续苟活。"

　　读者和听众需要花点时间去感受这种绝望感的来源。浮士德徒劳地做着研究，甚至认为上帝对他毫无用处。这不是因为浮士德想成为神以获得对凡人而言被禁止的感官享乐。恰恰相反，浮士德渴望成为一个凡人（这恰恰是他认为上帝拒绝给他的东西）。梅菲斯特[1]没有理解这一点，并向浮士德提供了世俗中无休止的欢愉（"你可以尝试任何你喜欢的事情"），但是浮士德对能够"恣意妄为"的愿景毫无兴趣。浮士德渴望的不是人性经验与时间之外的空间居所，而是在人性经验与时间之内追寻一处安居之地："让我们扎入这时间的洪流，扎入这拥有诸多不平凡体验的世俗中去。"（p.45）浮士德继续说道：

> 　　我下定决心，我内心最深处的存在将与芸芸众生共同进退，我将理解他们的高岭和深渊，以他们的哀伤和喜悦填满心房，并且向他们展开我自己，和他们一样历经磨难沧桑。（p.46）

　　浮士德觉得他依然没有体验到如何去当一个凡人（"芸芸众生"），并且在某种程度上，使用"他们的"和"他们"这样的字眼反映出他是属于人类之外的一个存在。

1　梅菲斯特是歌德所著《浮士德》中的魔鬼。——译者注

　　歌德对浮士德困境的架构，在某种程度上让我捕捉到了精神分析治疗任务中的基本元素：努力为可能发生的特定交流创造各种条件，在其中，被分析者和分析师都会尝试着去提高自己的能力，参与到"不平凡体验"中去，去体验人类情绪中所有的"哀伤和喜悦，高岭和深渊"。

　　尽管从这个意义上来说，浮士德将作为一个人而存在的能力看作成为"芸芸众生"，但是他没能理解（或许更准确一点说，是无法承受这种想法的），从更广阔的角度来看，不能成为一个完整的人本身就是"芸芸众生"的一部分。所有人都不同程度地远离"不平凡的体验"。并且，为努力成为完整的人，我们和浮士德一样在绝望和挫败中和自己做了无声的（很大程度上是无意识的）交易。这些"交易"（用技术性的术语来讲或许可称为"病理性解决"）不是为了成为超人（即成为非人），而是为了成为更完整的人。然而，当我们在与自己做这些无意识交易时，我们不知不觉地在不通情理的道路上越走越远——也就是说，进入了一种表面看起来有人性的生活替代形式，但是在其中既感受不到人性也感受不到生机。例如，第3章将会讨论性倒错个体会试图通过具有强迫性质的固定化模式来达到性兴奋，从而让自己活过来。但他只会发现，与其说是在为自己创造生机体验，不如说是他让自己陷入了内部和外部客体世界的囹圄之中，这永远只会是对真实人类生机体验的仿造（并且通常会成为一个苦涩的笑柄）。

　　绝不仅仅是性倒错个体和他们自己做了一场无意识交易。我们所有人都曾在内心与自己做过无意识交易，例如，为安全感而放弃自由，为确定感而放弃生生不息。诚然，我们获得的这些安全感和确定感只是一种错觉，但我们在很大程度上依赖于这些错觉。例如，我相信，我们不能在真诚体验必死命运的同时保持理智。无论做出多么巨大的努力，我们在面对自己的最后时刻时，都会不由自主地转过脸去。在转过脸的那个时刻，在当下无法承受的强烈性和直接性面前，我们（在幻想中）变得不朽和全能，也在某种程度上变得不那么富有生机。

从这个角度来说，任何形式的精神病理学，无论是极其严重的还是难以察觉的（以及普遍存在的），或许都可以理解为，代表了某种程度的自我设限，它限制了我们自己作为一个人去体验生机的能力。对个体生机能力的限制可以通过多种形式展现，包括：对我们情绪、想法和身体知觉广度与深度的压缩，对我们梦境生活和遐想生活的限制，对与自身和他人关系的虚假感知，或是对玩乐、想象以及用言语符号和非言语符号创造 / 表达个人体验能力的降格。当我们感到要成为一个更加生机盎然的人同时包含了我们所害怕的那些难以承受的心理痛苦时，我们不仅接纳，甚至还会去拥抱那些让我们生机盎然的能力存在这样或那样的不足的自我设限。在拥抱这些形式的心理死寂时，我们为整体的存活牺牲了部分自己，却发现在这一过程中"整体"已经元气大伤。

我尝试着寻找字眼去描述，当我们在努力避免进入与自己的无意识"交易"中时，我们与自己是什么样的关系，这让我想起福克纳（Faulkner 1946）对《喧哗与骚动》（Sound and the Fury）的女主角凯迪简明且黑色幽默式的描述："在劫难逃且认命"（doomed and knew it）（在这用四个单音节词吐出的随意诅咒式的判决里，凯迪甚至没有占据一个人称代词的席位）。作为分析师，我们在某种程度上只能隐约意识到，当我们努力让自己或努力协助被分析者尝试成为一个完整的人时，我们就是"在劫难逃"的（或至少是命运多舛的）。尽管如此，正是想要成为更完整的人这一努力，让不论是分析师还是被分析者的我们都变得生机勃勃，也正是在这些实验里，精神分析的艺术才得以生生不息。

在后续章节里，我会去探索分析性经验这一织物是如何在经线和纬线的交错下编织而成，这些经线和纬线包括：生机与死寂，遐想与解释，隐私与交流，个体性与主体交互性（主体间性），貌似普遍的与深度私人的，实验的自由与已有形式的根基，热爱具有创造性的语言本身与将语言用作一种终端治疗工具等等。

第 2 章

对"生机"和"死寂"
形式的分析

现在我们将追寻第三只老虎，但是正如

其他两只那样，这只同样只会是我梦里的

一种形式，言语的一种结构，而不是

那种行走在大地上的

超越了所有神话的血肉之虎。我对此非常了解，

然而在这混沌、无序和古老的探索之中

仍有一股力量不断推动着我，

让我跨越时间长河继续追逐着这只老虎，

这只在诗句中无从寻找的野兽。

J. L. 博尔赫斯，《另一只老虎》，1960

　　过去几年里，我越来越注意到移情 – 反移情中的生机和死寂感，对我而言，这或许是对分析过程的当下状态唯一且最重要的衡量。在对四个临床案例的讨论中，我将探索如下观点：分析技术的必要元素包含分析师运用反移情经验来处理分析过程中生机与死寂感的特殊的表达性和防御性任务，也包含理解这些经验的特质在病人的内部客体世界和客体关系图景中所起到的独特作用。从这一角度来看，对分析师和被分析者来说，难题的中心关注点越来越趋向于以下几个问题：对分析双方而言，上一次在分析过程中体验到生机感是什么时候？是否存在，因为惧怕觉察的后果，而没能承认被分析师和 / 或被分析者所伪装出来的活力？哪些种类的替代形式可能被用于掩盖分析过程中的无生机感，例如，躁狂式兴奋、倒错式快感、歇斯底里的治疗内和治疗外的见诸行动，假象构造和对分析师精神生活的寄生式依赖等等？

　　我下面将呈现的观点在很大程度上是基于温尼科特（Winnicott 1971a）所提出的 "我们生活的处所" [在现实与想象之间所体验到的第三块区域（1951）] 这一概念，也包含在分析过程中如何生成这一 "处所"（主体间的心境）所存在的种种难题。我同样也在很大程度上借用了比昂（Bion 1959）的见解，即分析师/母亲成功地将投射性认同作为一种容器，使被分析者 / 婴儿的自体投射保持活力，并且在某种意义上孕育生机。西门顿（Symington 1983）和科塔特（Coltart 1986）对分析师自由思考的讨论体现了对比昂和温尼科特分析技术工作的重要应用。格林（Green 1983）在对死寂体验的分析性理解方面作出了举足轻重的贡献，他把这种死寂体验理解成是早期对抑郁状态母亲的无意识内化。

　　分析师 "真诚" 的重要性在近几年被越来越多地提及，即他能在分析性情境中不落入分析性中立的窠臼，从其自身的体验出发，去自发地、自由地回应被分析者的能力（例子可参见，Bollas 1987，Casement 1985，

Meares 1993，Mitchell 1993，Stewart 1977）。正如后续临床案例所描绘的那样，我个人的分析技巧很少包括与病人*直接地*讨论反移情[1]。相反，反移情的成分会在我作为一名分析师的各种行为中以一种含蓄的方式展现，例如，在对分析框架的安排、说话的语调、解释的用词与内容以及其他介入方式中、在与紧张驱散行为背道而驰的象征性作用所赋予的额外价值中等。

我会尝试去开发一些有关技术性难题的点子，这些技术性难题包括：在分析性体验里，对生机与死寂感的觉察、符号化与解释。我相信每种形式的心理病理都代表了一种特定类型的限制，即对让个体成为一个全然生机（fully alive）的人的限制。从这一角度出发，分析的目标就比解决无意识内心冲突、缓解症状、提高反思性主体和自我的理解能力，以及增加个人能动性所涵盖的范围更广阔了。尽管个体对生机的感知与上述种种能力密不可分，我仍然相信生机体验是比这些能力更高级的一种能力，并且必须用它*自身的术语*来表述成分析性体验的一个侧面。

本章的重点是临床。我不会花大量笔墨去定义心理学层面的生机和死寂，甚至不会尝试去描述我们如何决定某一给定经验是否或在多大程度上具有生机或死寂的特性。这些问题并非不重要，而是因为我能想到的处理这些问题的最好方式就是讨论临床情境。我相信临床情境必然集中涉及经验的这些特性，并且我希望这些描述本身能够传递出一些东西，

1　我用反移情这一术语去指代分析师移情–反移情的经验及其对移情–反移情经验的贡献。后者指的是由分析双方共同生成的无意识主体间构造。我并不把移情和反移情视为在分析双方互相回应的过程中所出现的两个分离性实体，而是将这些术语理解成分析师和被分析者在同一个主体间的整体里分别（或单独）体验到的不同方面。

那就是分析师和被分析者是如何有意识或无意识地体验到生机与死寂感的。在接下来对心理层面的生机与死寂感形式的四例临床讨论中，我们会重点关注反移情经验在创造分析性意义的过程中是如何被运用的，这些过程即觉察、符号化、理解和解释主导性移情−反移情焦虑的过程。

临床案例 1

在第一个临床案例讨论里，我将呈现一场分析中的几个片段，其中病人的死寂感最初并没能被符号化，转而体现（埋葬）在了分析经验本身的死气沉沉中。本场讨论的焦点是如何运用反移情去生成言语符号，并最终以解释的形式提供给病人。

N 女士，一位非常成功的公民领袖，她开始精神分析是因为她感觉到了一种强烈却弥散性的焦虑。她坚信自己的生活存在非常严重的问题，却不知道问题在哪里。在最初的几次会谈里，病人似乎并未有意识地体验到空虚、无价值或停滞。她说她感到不知说什么好，这一点儿也不像她的个性。

在最开始的一年半里，这场分析在许多方面看起来都拥有一个令人满意的开局。病人能够更清晰地看到她以何种特定的方式与他人（包括我）保持心理上的超远距离。从病人在躺椅上逐渐松弛的身体姿态可以看出她的焦虑也在某种程度上降低了（有将近一年的时间，N 女士都是完全静止地躺在躺椅上，双手交叠放在肚前，并在会谈的结尾，突然离开躺椅，然后看也不看我一眼地快速离开房间）。病人所使用的语言一开始非常刻板，听上去像教科书一般。在头一年分析工作的过程中，她的说话方式在某种程度上变得更加自然了。然而，在这一阶段，病人自始至终都对这场分析是否存在"任何真正的价值"持有很深的怀疑。N女士觉得，不论是对焦虑源头的理解，还是对生活中出了哪些差错的觉知，她都没有取得更大的进展。

在分析工作第二年的上半年，我逐渐意识到这位病人会用一种看似内省的谈话方式来充斥会谈时间，这种谈话方式似乎并不会发展出可以作进一步理解或解释的要素。N女士在会谈时间里所发展出来的模式，就是把她生活中所遭遇的种种事件的点滴细节都描述出来，但我一点儿也不清楚这些冗长描述的意义在哪里。有时我会对这位病人说，我觉得她之所以不来帮助我理解她刚才话语中的含义，一定是因为这样一来我可能会太过了解她而让她感到非常焦虑。

我发现我体验到的对病人的好奇心越来越少，这种心不在焉的状态十分困扰我。这与失去对自我心智的运用能力感受相同。我在会谈时间里体验到了一种类似幽闭恐怖症的一般模式，为了防御这种焦虑，我偶尔会不可抑制地数秒直到会谈时间结束。另外一些时候，我会幻想自己通过告诉病人我生病了需要结束会谈从而提前终止会谈时间，有时也会通过数自己每分钟脉搏的跳动次数来"打发时间"。尽管数脉搏这种行为从未在其他任何病人那里出现过，我最初仍没能意识到事情有什么不对劲。当与数脉搏这一活动有关的想法、情绪和感觉出现时，它们感觉并不像"分析性数据"，反而被我视为了一种几乎不显眼的、私人的背景性经验。

接下来的几周，我逐渐变得能把数脉搏及其连带的情绪、感觉作为"分析性客体"（Bion 1962a，Green 1975，Ogden 1994a，d）了，即把它们看作对病人和我，或者更准确地说是 "主体间分析性第三方"，所生成的无意识构造的映射。在最近发表的一系列文章（Ogden 1992a，b，1994a，b，c，d）中，我已经讨论过了 "主体间分析性第三方"（或 "分析性第三方"）的概念，现在简要说明一下这些文章所表述的意思。我把主体间分析性第三方视为由分析师和被分析者无意识共舞所创造出来的第三方主体；同时，分析师和被分析者也在创造分析性第三方的行为中生成了作为分析师和被分析者的资格（可以说如果没有分析性第三方的形成过程，就不存在分析师，不存在被分析者，也不存在分析）。

新主体（分析性第三方）与分析师和被分析者的个人主体一同存在于辩证张力中。我不会把主体间分析性第三方设想成静止的实体；相反，我把它理解成一种时刻处在流动状态里的可进化体验，这种进化会跟随由分析双方共同生发的理解所转化出的分析过程中的主体间性而流动。

分析性第三方通过分析师和被分析者各自的人格系统来体验，因此，这种体验对双方而言不会是相同的。分析性第三方的创建反映了分析情境的不对称性，因为分析性第三方在分析情境中产生，这种分析情境又由分析师和被分析者在关系中的角色所构造。被分析者的无意识经验在分析关系中享有特权；被分析者（过去和当下）的经验被分析师和被分析者视为分析对话的首要（但不是独有）主体。

我开始能够把握手腕（正在数脉搏）的经验与我的需求联系在一起了，我现在怀疑当时之所以努力地感受人类温暖，是因为我需要再三确认我还活着并且很健康。认识到这一点让我对和 N 女士在一起的方方面面的体验的理解发生了重要转变。我为病人 18 个多月来持续不断地向我讲述看上去毫无意义的故事的坚韧而感动。我发觉她在讲述这些故事的同时也传达了一种无意识渴望，那就是我或许可以找到（或者创造出）这些故事的意义，从而为她的生活创造出些许意义（一致感、方向感、价值感和真实感）。我之前能够意识到自己想要佯装生病来逃离会谈中停滞般死寂的幻想，但是并没有理解这种"借口"实际上也反映了一种无意识幻想：我因长期暴露于分析的荒芜而染病了。正是通过这个觉知以及相似类型（与我自己在分析性第三方的体验相关）的想法与感受，我开始从病人弥散性的焦虑感和她感觉自己陷入了无法言明的困境当中发展出了意义。

我告诉 N 女士，我想我现在能够更好地理解，为什么她会以这种事无巨细却让彼此都看不到意义在哪里的方式讲述她生活中的事件了。我说我感觉她已经放弃了创造属于她自己的生活的能力。相反，她把自己之前用于填满时间的方式展现给我看，寄希望于我能从这些碎片中替她创造出一种生活。病人开始向我描述她工作和居家时的状态，她说她一直都在为别人的活动上上下下安排，却从来没有为自己做过任何安排。这些现在看起来像是在把别人的生活和为别人安排的事项（她雇员的生活、丈夫的生活、保姆的生活和她两个孩子的生活）当作一个替代品，以此让她感到自己也有能力为自己创造出一个看上去像生活的东西。

在会谈的后半段，她说，她已经想象了很长时间我椅边桌案上的书镇是某位病人送我的礼物。她说，她甚至从未告诉过我她注意到了这个书镇，但是有很长一段时间她都希望这个书镇是她送给我的。直到那个时刻，病人才意识到她并没有想过自己会送给我一个礼物，而是希望她已经给了我*那个礼物*。她无法把自己想象成一个可以挑选，在某种意义上创造礼物送给我的人，因此她把自己想象成某个已经给了我礼物的别人。我这样想着，但是并没有在当下那个节点口头解释，她这一想法的潜在含义是她永远不可能为自己创造出一个属于她自己的生活，所以对她来说唯一可行的选项就是窃取他人的生活。我不会在病人刚开始学会在分析过程中创造自己生活的时候去越俎代庖，这一点看上去很重要。

几个月后，N 女士告诉我她做了一个梦。梦中她在厨房的一个橱柜里，但这并不是她家的厨房。她像是被"倒进了这个橱柜"，变成了一个有着橱柜内部形状的长方体。病人在呈现这个梦的同时告诉我，她有个朋友正因为 5 岁女儿的死亡而长期忍受着持续不断的心灵折磨。这位朋友的孩子是因为临时保姆的粗心大意，在病人开始分析之前就出意外夭折了。

讲完这个梦后，N 女士陷入了沉默。这种沉默与她的过去形成了鲜明的对比，过去她总是用过多的废话来模糊自己的感受。几分钟后，我对 N 女士说，我想她在向我描述她缺乏形状的感觉。我继续说道，她朋友的痛苦，尽管很可怕，但依然是人类的感受，我想病人是在害怕她无法体验到这种人类的感受。我告诉她，尽管她没有直说，但我能感觉到她很害怕自己可能永远没有办法感受到任何东西，甚至没办法感受到别人因为他们孩子的死亡所感受到的痛苦。

N 女士用微弱得几乎听不见的声音说，这是她长久以来最害怕并且也感到十分羞耻的事情。很多个晚上，她彻夜难眠，担心如果她的某个孩子死了，她可能都感觉不到悲伤。她觉得这是每个妈妈都会感到内疚的最为可耻的失败。她说她觉得自己已经失去了爱的能力了，也没有办法以她本来希望的样子与自己的孩子相处。实际上，她现在终于发觉她已经非常严重地忽视了他们，他们也因此受到了巨大的伤害。在接下来剩余的几分钟会谈时间里，病人再次陷入了沉默。

简而言之，我将刚刚所讨论的分析部分看作一个开始，其中，病人的死寂体验（对自己无法悲伤的想象和对朋友死去孩子的认同）正在从一个难以想象的事实本身（病人与我共同经历的，在分析中感知到的无法语言符号化的死寂这一事实）转化成在分析中活生生的、可语言符号化的病人（和我本人）的死寂体验。一个主体间的分析性空间开始生成，在这个空间里，死寂可以被我们二人感受到、看到、体验到及谈论到。死寂已经变成了与现实对立的一种感觉。

临床案例 2

在第二个临床案例讨论中，我会描述分析里的一次遭遇：当病人无意识地坚持分析师需要成为他精神生活和希望的智囊顾问时，会出现怎样的技术性难题。

在初始访谈里，D 先生告诉我他已经接受过六次精神分析了，而且每次都由分析师"终止"了关系。最近一次单方面的终止关系发生在他与我初始会谈的三个月前。

病人保持着风度，其言语表达方式却传递出一种狂妄、冷漠和自大的感觉；同时，这些举止又显得非常脆弱。显而易见，病人高人一等的语调和行为并没能很好地掩盖他的恐惧感、无价值感和绝望感。

D 先生告诉我，如果经过我们的初次会谈他还继续来分析，我必须理解他永远不会在任何一个会谈中成为第一个开口说话的人。他解释道，如果我试图 "等到他开口"，那么这个会谈会在完全的沉默中被耗光，这种方式在此前已经让他浪费掉许多时间和金钱了，他希望我不要重蹈覆辙。他补充说，如果我询问他，关于他不能先开口说话这个事情背后所潜在的 "害怕和焦虑"，这同样会浪费时间："毕竟，我回答那一类问题就等同于我在会谈中先开口说话——你一定也明白这一点。"

D先生的表现引起了我的兴趣，也激发了我的竞争欲。他已经下了战书，我也会去证明自己比之前的六位分析师更老练、更机敏。在这场初始会谈中，我同样注意到我被无意识地邀请成为一个求婚者的角色，并且在移情–反移情中，有一个幻想层面的同性恋施受虐场景已经开始成形。同时，我也认识到进入一个竞技游戏的幻觉可以保护我，让我不完全体会到所遭受的极度轻蔑和憎恨有多么严重。此外，D先生从会谈一开始就对分析该如何进行作出了狂妄且控制性极强的指导，通过这种方式，他编织了一张大网，而自恋/竞争的幻想也保护了我，让我不至于深陷在这张大网中。在我的想象里，如果我同D先生一起进行这场分析，必然会有长久的隔离等待着我们。

我对D先生说，我觉得在他的想象中，与我的这场分析必然包含其中一方对另一方的虐待或我们双方互相虐待，并且这种虐待会持续到其中一人无法忍受为止。我还说，我对虐待他、被他虐待或是参与他对自己的虐待都毫无兴趣。这句话不是为了宽慰谁，而是对我所乐意工作的那种分析框架的构想作出一个声明。我同意每次会谈都先开口说话，但是我只会在我有话可说的时候这样做。我补充道，有时在会谈一开始，我可能需要很长时间才能把我的体验转换为对自己以及对他说的话，但我的沉默并不意味着在试图"等到他开口"。

D先生安静地坐着，在我说话的时候，他看上去放松了一些。我有点被这一事实所鼓舞，我感觉我已经能向他说一些既不包含施虐性攻击，也不包含我们任何一方妥协的话语了。同样地，这看上去也不包含某种形式的狂躁式兴奋和对竞技性比赛幻想的相关否认。

在每次与D先生会谈的开端，我都试图找到一些词汇去表达我在这一特定时刻和他在一起时的感觉。我（暗自地）假设，不论是对兽性蹂躏的幻想和感觉，还是在移情－反移情中所反映出的狂躁式兴奋（竞争）的幻想，都代表了某种对抗内部死寂体验的防御形式，而D先生对死寂的符号化，就是他觉得在会谈开始他没有任何想法（去开始他的故事）。我必须成为那个在每次会谈时为分析带去活力（从而创造历史）的人。每当由我来开启会谈的时候，我几乎都会有一个意识层面的幻想，那就是我在给病人和这场分析做一场嘴对嘴的心肺复苏。为了不至于贬低他及过早地涉及移情－反移情当中的同性恋成分，我选择不直接告知D先生这一幻想。

有时在会谈开始，我对D先生说的话会听起来很陈腐且生搬硬套，为了不落入看起来像是事先规划过的分析的俗套，我吃尽了苦头，才能不向他和这场分析注入更多的荒芜感。在这场分析的某一次早期会谈中，我对D先生说，我发现我在想象试图引诱他来信任我。我说我知道这会是徒劳的，而且如果我真的通过这种方式"赢得"了任何东西，这都是具有破坏性的，因为我们都会把这体验成一种盗窃，从而让我们的关系比现在更加疏远。几分钟的沉默后，D先生描述了他防盗过程中的持续性警觉：他在家使用防盗警报器、在车上使用防盗设备、在办公室使用防盗保险柜等等。这种不正面回应的说话方式其实代表了 D 先生对我刚才所说的话的某种回应。尽管病人提供了一些信息，这次会谈还是让人感觉是一场极度紧张的僵局，好像随时都有可能在某一时刻分崩离析。这让人觉得不存在能够把这场分析中的"布料"编织起来的人性。

6 个月后的一次会谈中，我觉得在某个时刻我看到了 D 先生眼中噙满的泪水，但当我凑近看时，我难以确定自己的知觉是否准确（D先生那时拒绝使用躺椅，因此我们在用面对面的方式交谈）。我告诉了 D 先生刚才发生的事，并问他刚才眼里是否噙着眼泪。我觉得刚才发生的事反映出了我和他所处的这一情境的悲伤（我记起几个月前 D 先生告诉我，他很感激前任分析师的真诚，因为那位分析师会直接告诉 D 先生她帮不了他，而不是盲目地固守在一场她觉得可能不会再有进展的分析中。他的这一念头让我想起了我的某位家人最近传达给我的"生前遗嘱"，那就是医生实际上不应该在真实的生命活力已经消失后再创造出活力的空洞假象）。

D 先生安坐了几分钟，然后说他并没有被我的"简短演说"所打动。然后，他又陷入了沉默。大约 5 分钟后，我说我觉得刚刚在我们之间发生的事情必然反映了某些基于他个人体验层面的东西。我感到悲伤，其中一部分毫无疑问来自我自己，可以归因于在与他相处过程中我所感受到的极端的孤独。尽管如此，我仍补充道，我觉得有一部分是我在他的位置替他感受某些东西。我说，我之前曾尝试与他讨论这些，但是他的回应总是让我觉得我要么是疯了，要么是傻了，要么是又疯又傻。我说，如果我不在一个能够区分什么是真实感受、什么不是真实感受并且对自己的这一能力有些信心的位子上，我会发觉有一股巨大的张力用这种基本的方式把我的知觉卷入此类问题中。我对他说，如果在他生命中的重要节点，他从来没有感受过这种张力（与分辨自己哪些体验和知觉是真实的、哪些不是真实的相联系的能力的张力），我会非常吃惊。从我与他相处的经验来看，他一定曾在坚信自己的所思、所看、所感和所听等都是事实的这一努力上遭受过强有力的冲击。

病人似乎忽视了我刚才所讲的所有内容，反而说起我曾在第一次会谈时用到的"虐待"一词。这个词是我在这几个月的分析中用得最准确的词，并且"可能是唯一准确的词"。他说他小时候从未被打过或被辱骂过，但是他有一种他曾被微妙地虐待过的感觉，或者以一种并不那么微妙却让他无法描述出来的方式被虐待过，因为他甚至都不确定发生过什么，即使事实上确实有不同寻常的事情发生。D先生说他不打算和我谈论他的童年，因为他的童年一直都很正常——"我和之前的分析师们重复讨论过这个话题千百次了，不存在任何能让我在情感谈话类节目中获得一席之地的事情"。

这是我与D先生在所有的对话中最亲近的一次观点交换。接下来的几周，他变得越来越反感和蔑视我，以及这场分析。我把这一事实解释成，在我刚刚描述的那次会谈后，他对我的攻击和我们彼此交流的努力都显著上升了。在某个时刻，病人对于我用"工作"这个词去描绘在这些"非常昂贵的时间"里所发生的事表示出了极度的鄙视。我对D先生说，之前他曾评论过我使用的另外一个词"虐待"。我跟他说，如果仅仅因为我使用了这个词，就能让他感觉到我们之间的关系已经疯狂且危险地失去了控制，我想这就说明他已经承认我能理解他的感受了。我说，我认为现在表面上所展现出来的他对我的虐待，在我看来更像是为了防止我把他扔出去所做的一种努力。我补充道，我怀疑如果我没有立刻结束会谈，他可能会结束这场分析，这是他在用他所能想到的唯一的方式保护我，保护我不受他对我无止境的、逐渐升级且令他也感到害怕的虐待。D 先生没有结束分析，但有持续大约六个月的时间，他都会在会谈开始时转过椅子，背对着我。我猜测他是不想让我看到他的眼睛。在那一阶段的工作中，他比开始分析的最初几个月说得更少。

在刚刚所讨论的分析片段里，D 先生在幻想中把他用于感知生机和希望的脆弱暗示注入到了我的内心。在他攻击我真的太天真，居然认为在面对他高强度的虐待之时，还能够保卫他的生机和我自己的生机不受损害，与此同时，我还在替他说话，替他感受（比如由我来开启每次会谈，比如我成为他那深刻孤独和悲伤的投射性认同的容器）。病人身上呈现的虐待与被虐待这两个方面的极端分裂已经成为我用于维持某种形式的联结的必要条件。在分析过程中，病人开始亲自去体验悲伤和怜悯的雏形，这些他曾经投射给我并且经由我来体验的方面。

临床案例 3

有些临床医生会来与我讨论他们正在进行的分析。在督导过程中，我会要求他们不仅要尝试告诉我分析师和被分析者的对话内容，同时还要报告分析师当下时刻的想法、情绪和感受。在他的分析会谈时间和与我的督导时间所记录的过程笔记中，这一部分的工作也应该被包括进去。另外，我还建议分析师为每次会谈都写下过程笔记，即便在病人没参加的情况下。我这样做是基于这种假设，即病人现实中的不在场为分析师和这场分析创造出了一种特殊形式的心理效应，因而，尽管被分析者在现实中缺席但分析过程仍在继续。这样一来，病人于他缺席中的存在（presence in his absence）这一具体含义就转化成了被充分体验的、被承认的、被符号化的、被理解的和被作为分析对话中的一部分的分析性客体。

分析师以这种方式来使用过程笔记其实是在尝试与自己对话，符号化他与病人一起工作时的体验，不论这些体验（包括分析师的幻想、感官知觉、沉思、白日梦等）看上去与被分析者多么不相关（Ogden 1992a，b，1994a，b，c，d）。我不会"坚持"让一名被督导者与我讨论这方面的分析经验，因为部分分析师最初在气质上就没能注意到他们经验的这一水平，而且，还有一些在我这里接受督导的分析师，并不能总是（对我或对他们自己）足够自在地将这方面的工作经验托付于我。然而，我发现当督导关系逐渐展开时，被督导者通常能够发展出这些能力，并在他们的治疗工作和督导中运用这方面的分析经验。我还发现，如果分析师之前没有参与过一场成功的个人分析，他们也很少能够参与到这种形式的督导经验中。在分析过程中缺失这类经验的情况下（不是为了激起"已完成的分析"的幻觉），分析师通常并没有发展出这一能力，即让那些在分析时间中占据自己身心的单调的、日常的、不突兀的想法、情绪和感受得到分析性的运用。

和分析技术的许多方面一样，关注和运用分析师那些看起来与病人毫不相关的私人对话，正好与我们在日常生活中发展出的特征性防御过程相反。尝试减轻我们对这些特征性防御的依赖常常感觉像是"扒了一层皮"，只留下一个削弱了的刺激屏障，用于保护内部和外部、可承受刺激和过度刺激、理智和疯狂之间界限的屏障。

我现在要描述的分析性工作发生在我对一位分析师的督导情境中。这位分析师每周由我督导一次，督导工作持续了大约一年。这位分析师的那场分析开始的方式让他非常失望。

　　被分析者，C 博士，是家庭实操医学科的住院医生，在大学、医学院和工作期间接受过精神分析相关的学习。他的"分析规则"感很强，并且他也严格遵守着这些规则，尽管他从一开始就抱怨过这一"游戏"的刻板。例如，被分析者需要为错过的会谈付款，分析师度假时被分析者也要被迫休假的"要求"，需要遵守"基本规则"的要求，等等（其实除了费用安排，分析师并未提到过任何其他"规则"）。

　　C 博士来接受分析的原因很模糊：作为家庭实操医师训练的一部分，他觉得他应该去"了解自己"。因为体验到精神痛苦才来寻求分析的帮助这一念头，代表了一种想象层面的服从行为，这是他在初始分析时所不能忍受的。被分析者每次会谈都很准时，顺从地"自由联想"，展示了混合着梦、童年记忆、性幻想，以及与目前工作相关的、婚姻和孩子抚养方面的困难与压力，也存在一些对令病人感到羞耻的私密行为的坦白，比如，在自慰的时候读色情杂志、在医学院实验报告中的两次造假。

　　然而，从分析的最开始，分析师 F 博士，却觉得病人无趣到了一种不寻常的程度。这感觉就好像是病人在尝试模仿他想象中"好的分析"的运行模式。这需要 F 博士有极大的自制力，才能避免进入对所呈现的内容进行解释的状态。例如，对梦境材料的解释"看上去像在乞求移情解释"。在督导中，F 博士讨论了他或许本可以作出却选择了推迟作出的解释。在我看来，这些解释本可以成为对"深度"移情解释的模仿，也本可以在 F 博士这一方努力创造属于自己的"好的分析"的幻想中被提供。随着时间的推移，这位分析师感到非常想要去责罚被分析者，甚至是轻蔑地评价病人长篇大论中的空洞。在这场督导的每个阶段都需要阐明的一个观点是，F博士不要进入与病人的空洞（呆滞）对谈中，这非常重要。同样重要的是，分析师也可以维持这一能力，那就是抱持每一个出现在他内心的想法、情绪或感觉（参见，Bion 1978，Symington 1983）。任何对病人可能的解释或回应都不能条件反射式地被摒弃或被抑制。对F博士这一方来说，拒绝变成一个机械的、脱离的或模仿的在他看来或在我看来理想式的分析师，需要巨大的精神努力。

F博士发展出了他自己记录过程笔记的风格，他能抓住会谈时间经验中的一些"整体"的东西，包括他自身体验的细节。我把它看成是分析师聚焦于作为"整体情境"的移情 – 反移情中反移情部分所做的努力（Joseph 1985，Klein 1952，Ogden 1991）。换句话说，是移情 – 反移情，而非仅仅是移情，组成了分析情境中得以产生心理学意义的方阵。

F博士每周都会与我讨论他的分析工作，然而，我们都没有急着将F博士作为分析师的想法和感觉与病人的想法和感觉一一对应起来。有时，我们会就F博士的体验和分析过程中所发生的事件之间的关系作出尝试性的解释。通常，F博士只对自己的遐想做简单的记录，然后当我们聆听接下来的材料时，就可以允许这些遐想在他或我的内心回响。有时，我们还会重新提及F博士几个星期前或几个月前在分析工作中所讨论到的遐想。

在最初几个月的分析中，F博士的想法常常包含着对他即将到来的假期满怀期待的想象，以及在午后闲暇时光逛有趣小店和书店的记忆。这些不该被简单理解成逃避现实的幻想，而是该被理解成对分析中特定时刻发生的事的回应。在某个时刻，F博士的好几个假期白日梦都有些不切实际的理想化色彩，似乎反映了分析本质中的虚假。病人不需要真实的分析，他只是防御性地渴望一个完美的分析。换句话说，被分析者无意识地渴望一个被全能创造出的分析，其中不包含他自己与他人真实的打交道，这个打交道的过程也意味着会出现与人性缺陷、误解等有关的焦虑。

尽管 F 博士经常从病人那里获得 "预先准备好的" 回答，他仍然尝试在内心保持其能力的生机，即好奇的能力、询问的能力及对分析互动中所发生事件自发性评论的能力。"分析礼仪" 在 F 博士看来并没有那么神圣不可侵犯，这让病人感到非常惊讶和不赞同。比如，病人有时会暗示他想要从 F 博士那里获得建议，但接下来会立刻补充到他知道 F 博士不能给他建议。F 博士回应说为什么他不能给病人建议。最终，建议没有被给出，但是促成了一场讨论：病人是如何利用想象中的规则（他自己全能的创造和投射）去逃避体验和思考那些出现在他与 F 博士之间的有关个人的、古怪的、不可预测的经验的本质。

当 F 博士发现他对病人正在讨论的材料的某个方面感到好奇时，他会向病人询问更多细节，甚至在这些问题看起来有些扯远了的情况下。例如，在某个时刻，他会问病人在提及前些天晚上的愉快经历时顺带说到的餐厅名。分析师很好地注意到，对细节（餐厅的名字）的忽视很可能代表了对分析师的逗弄和排斥（有关病人的好奇心和感觉被排除在分析师生活之外的一种投射）。然而，在那时，F 博士决定询问（或许更准确地说，发现他自己在询问）令他感到好奇的细节，同时他延后对忽略这些个别细节所具有的逗弄效应的探索 [科塔特（Coltart 1986）曾给过相同的建议，关于在分析病人想要让分析师发笑的有意识和无意识的动机之前，先允许自己因为病人的玩笑而发笑〕。

需要强调的是，F博士试图在分析中确保一个允许自发性和"自由思考"的空间的同时，他也绝对没有用傲慢的态度去对待分析框架——会谈时间适时地开始和结束；在等待室和会谈室之间不会发生随意的对话；和这位细心周到的分析师所做的其他分析一样，建议、宽慰、劝诫等类似行为在此次分析中并没有占多大比例。

在第一年的大部分分析中，F博士觉得这场分析的生命几乎完全取决于他在分析过程中保持自由遐想的能力以及与我讨论这些遐想。在分析的第二年上半年初，他的病人开始证明他有能力用自己的嗓音说话，从而看上去不再像以前那样陈词滥调、刻板呆滞和刻意模仿。然而，这些变化在F博士看来有些脆弱和短暂。

在分析的这一阶段，F博士在督导中呈现了这样一次会谈。在这次会谈中，病人在分析开始的头几分钟陷入了沉默。F博士告诉我在这段沉默的时间里，他在想我（奥格登本人）会在夏威夷过圣诞节这件事。他想知道我是否会在旅途中随身携带各种亮晶晶的红绿纸带包装的圣诞节礼物。他也会想象在夏威夷交换圣诞节礼物该多么奇怪，还出现了我妻子送给我一件羊毛衫作为圣诞节礼物的画面。我评论道，我想F博士在表达对督导过程中我们所讨论过的某些观点的怀疑，尤其怀疑我在F博士的分析工作中对创造性和自发性能力的强调（而反对采用反射性、模仿性、预制性的方式）。

在讨论F博士对我的圣诞节假期的遐想过程中，我对F博士说，我想他把我描绘成了正在参加一个自欺性的猜谜游戏，在这个游戏中，我把圣诞节视为一种可以从一个地方被挖出然后转移到另一个地方并且体验没有任何改变的东西，就像一个人把一株植物从花园的这一端移到另一端一样。这场白日梦中的感受是，圣诞节对我来说已经完全变成了一种形式，我也失去了除传统圣诞节活动之外的意义和感受。这个遐想反映了我缺少关于自身机械性方面的自我理解，描绘出了 F 博士的失望，以及某种程度的竞争快感。

在我和 F 博士看来，F 博士像是在对我们说："奥格登讲述了一个很棒的关于真实、可靠、坦诚、自发等的游戏，但当这些落到实处时，他或许并不知道什么是真实、什么不是真实的。"我和 F 博士讨论到我重视自发性的方式可能为 F 博士创造了一种两难的局面：他开始发现他试图去"训练自己"变得顺其自然。让事态更糟糕的是，他可能在无意识中觉得"获得自发性"必然包含了对我的模仿。对这个圣诞节遐想讨论的结果就是，F 博士能够更清楚地看到在这场分析中，他自己的病人也在时而受相同的压力折磨。有好几个月，C 博士都说他受内部压力的驱使，要在分析中"启动"，即让 F 博士觉得他（病人）是个有趣的人。仅在此时，C 博士的言论才有了分析的意义（成为一个"分析性客体"），能被符号化、被反省及被解释。F 博士觉得他现在能够更好地理解病人了，病人感受到内部压力去"启动"，反映出在这位病人的无意识幻想中，他认为只有当自己学着像 F 博士或者完全以与 F 博士相同的方式去思考、感受、说话和行动时，他对 F 博士而言才是有生机的。这将病人放在了一个不可能的位置，即感到生机和让 F 博士觉得有趣是同一个意思。自相矛盾的是，C 博士所持有的感到生机的观点在无意识中也变得等价于成为（一个更理想版本的）F 博士。

在随后几周的分析过程中，F 博士向被分析者提供了他对这个困境的理解，也就是对 C 博士在分析中所感受到的"启动"压力的潜在原因的理解。基于这个解释和 F 博士的自我理解，可以促成分析过程中心理空间的创建，在这个心理空间中，病人和分析师都能够继续发展他们生成思想、情绪和感觉的能力，并且不会认为存在一个被要求去说出或者模仿的潜在剧本或范例。

在刚刚所描述的临床案例中，对分析师来说最为必要的是他本人能够拥有于我之外的独立思考能力（F博士将这种需求符号化为在圣诞节遐想中对我的无意识批评）。只有当F博士逐渐意识到，由于害怕面对他对我的防御性理想化，他获得原初想法的能力已经瘫痪了，他才能够重新找回完全的遐想能力。正如在圣诞节遐想中所描绘的那样，F博士对这一防御过程的符号化和理解，形成了他对病人解释的基础。他的解释是病人在做一种无用功，试图通过（在想象中）成为一名完美的病人来克服自己的死寂感，即成为一个在他看来作为一名接受分析的病人的防御性理想化版本。

临床案例 4

我将展示的最后一个临床案例聚焦于与死寂的"竞争"问题（Tustin 1980，同时参见，Ogden 1989a，b），这种形式的死寂涉及人格病理学中的孤独症方面。在对成人病人的分析中，其人格的孤独症成分在分析初始通常都很不明显（S.Klein 1980）。对S太太的分析就是这样一个案例。

S太太讲述了"组织自己生活"的困难。她因为无法集中精力而没能从大学毕业。她的婚姻也混乱不堪，让她常常觉得处在崩溃边缘。

　　病人在最开头的 8 年，每周来做 5 次分析，因篇幅有限，要完全记录下这 8 年分析过程中所有的演变阶段是不可能的。这几年的分析成果或许大体上可以被总结为，尽管病人在现实世界中的运转能力确实有了很大的改变（例如，她能顺利从大学毕业并且能够对工作负责），但病人与他人交往的能力仍然十分有限。S 太太和她丈夫常年分屋而居，偶尔的性生活也被病人描述为 "机械的性"。分析师甚至需要用 5 年多的分析时间，来让病人发觉她 "管理" 她 3 个孩子的方式就好像她只是 "日托中心的一名雇员"，并且她对于他们是 3 个不同的个体这件事几乎没有任何觉察。她的友谊关系很浅，直到分析的第 7 年年末，她才感觉到在她的生活中没有相爱的关系。

　　在分析关系中，我一次又一次被病人不能表露温情或是从我这里体验到温情所震惊（这是我在其他病人那里从未体验过的）。S 太太对我不是没有依赖感。周末休息、（我和她各自的）假期和每次会谈的结束都会让她非常焦虑，为了听到我的声音，她会频繁地给我的自动留言机打电话（而她自己并不留言）。然而，S 太太没有将她的依赖体验成个人依恋，而是体验成一种让她深恶痛绝的成瘾。她曾经教导我："一个因海洛因上瘾的人并不爱海洛因，她就算会为了得到它而杀人也并不意味着她爱它或感受到了任何对它的感情。" 这位病人在她的孤独中体会到了强烈的不可触碰感，并且看起来，比起生命中的其他事物，她更看重这种 "对人类弱点免疫" 的感受。这种 "不可触碰" 的品质反映在她的厌食症状中。她坚持吃水果、谷物和蔬菜，严格遵守包括马拉松慢跑和大量使用室内脚踏车的锻炼计划。病人可以每天精神旺盛地至少锻炼 3 小时。如果日常锻炼以任何方式被中断（例如，生病或旅游），病人会体验到强烈的焦虑，有两次还发展成了完全的惊恐发作。在这场分析的最开始，S 太太对食物、性、观点、艺术或任何其他事物都毫无兴趣。这位病人对自己的体重非常在意——通过保持一定的体重（只要不生病，在其生理层面所能忍受的一个最低点），她体验到了一种力量，这种力量能让她在幻想中控制所有可能出现在她内部和外部的事情。

说病人总在分析中感到麻木或没有情感是不准确的。S太太经常体验到对我的强烈愤怒，她称之为对我的"仇恨"。然而，她的愤怒看起来从不针对个人。我的意思是，感觉上她的愤怒好像与我无关。甚至这种仇恨看起来也不像由病人个人所创造，而更像是一种在她感到对我的绝对控制和拥有受到威胁时，所激起的盲目的、条件反射式的几乎抽搐的鞭打。因为我作为一个人／客体碰巧在那儿，我就碰巧成了她暴怒的客体。S太太对我的指责往往包括她对我全知全能的投射性幻想：她觉得如果我愿意我可以轻易地给她她想要的，但是我却顽固地拒绝这样做。

除了一心一意想要努力从我这儿获得幻想中的全能力量，病人看起来似乎对我毫无兴趣。我曾经很难接受这一点。有好几年，我都坚信S太太背地里已经爱上了我（尽管用了一种很原始的方式），我感到她对我很关心，知道我是一个什么样的个体，但她顽固地拒绝承认。这种信念是基于病人对我的强烈依赖情绪，连同我关心她和对她感兴趣的事实。有时，我将我的感受解释成病人的焦虑，她因为害怕承担自己内外世界失控的风险，因此对承认与我存在任何形式的人性联结的情感这件事感到非常焦虑。她会回应道，我说的可能对，但她并未在意识层面体会到任何对我或对其他人的情感、爱恋、温暖，甚至是关心。病人这方所持立场的防御性功能已经在很多情境下被讨论过了，但是这样的防御性功能并没有带来明显的情感变化（这些解释对我和病人来说都显得越来越苍白无力）。

　　或许是病人对我父亲去世这件事的反应，开始松动了我认为她一直暗中以某种形式爱我、关心我的信念。围绕此事（在分析的第八年），S 太太和我之间所发生的事件让我觉得，S 太太所感受到的人性分离（human disconnectedness）与我在其他病人那里所遭遇的对爱恨危险性的防御形式有着质的不同。在收到我父亲去世的意外消息后，我打电话告诉了我的病人和被督导者，告诉他们我家中有人去世，需要取消几天的会谈。我还告诉所有人，我会打电话告知他们我将回来工作的时间。当我与 S 太太通话时，她很平静，但是立刻追问我是否知道自己回归工作的大致时间。我说我不知道，但当我确定时我会告诉她。

　　我回归工作的第一次会谈，S 太太说她对"我家中有人去世感到遗憾"。但她的声音里有明显的愤怒，因为她特意强调了"有人"这一措辞的模糊性。她沉默了几分钟后说，不能知道是谁去世令她暴怒，她还说她觉得我在电话里不向她提供这一信息是在对她施虐。她补充道，她确信我一定对我的其他病人说了家中到底是谁去世。在这次交流中，我感到了深深的困扰，这几乎已让我挣扎困苦了十年：在我看来，S 太太除需要通过魔法般地入侵我并从内部控制我，以此来保护自己外，她无法将我视为一个人类去感知。

　　在会谈的此刻，我开始回想起我在刚得知父亲死讯并打电话告知 S 太太时的情绪细节。我鲜明地记得，我在与她通话时有极力地控制我的声音，努力不让眼泪流出来。我疑惑她是否一点都听不出来。她怎么可能没有在那个时刻（像我一样）体验到我们之间的亲密联结？相反，她明显地将其体验成了另一种情境，那就是她的全能愿望被挫败了。

　　在会谈的那个时刻，我听到了我与自己对话的声音，那种刚刚从 S 太太那里体验到的不可逾越的疏离感的声音；同时，我也第一次在那种声音里辨认出了不一样的东西，那是被冷落了的情人的声音。我突然发觉，S 太太生活在两种形式不同却彼此伪装的人类体验中。

在那个关头，我感觉我已经能开始理解在我与 S 太太的关系中我之前未曾领会的部分。这个新的理解不是为了保护自己不在 S 太太那里感受到令人心寒的不通情理，而是为了让我明白这反映出她人格中孤僻和偏执－分裂的重要成分，而且新理解也并未让这一觉知黯淡，那就是这些强烈的孤僻和偏执－分裂性防御同样也伴随着人类爱的能力。从这个点检讨过去，我发觉在某种程度上我对 S 太太同情心的缺失和她希望作为我的妻子去安慰我的愿望遮蔽了我的双眼，让我没有看到她表面上的同情心缺失其实代表了她人格中两个强大且共生部分的复杂交互作用。她曾关心过我，也曾因她的爱没有被我察觉而失望（比如，反映在我不允许她安慰我这件事上）。同时，S 太太还不能以一个人类的身份去融入生活，转而用（1）从"孤独形态"到"孤独客体"的关联性（Tustin 1980，1984）（例如，她那锻炼和饮食的感官世界里所包含的机械式的自给自足）和（2）入侵我，寄生虫般在我体内或者通过我去生活的偏执－分裂幻想充斥了一个机械的、全能的世界。

我曾经不能忍受、勾勒或是向自己和病人解释生与死之间相互遮蔽的交互关系［即病人人格中抑郁、偏执－分裂和自闭－毗连（Ogden 1989a，b）这三个维度共存］。S 太太曾爱过我，同时又无论如何也体会不到对我的感情。我曾体验过对她的爱（尤其在我体验到像被冷落的情人的感觉时，我更全面地认识到了这一点），却不能允许自己对一个如此明显无情和残忍（例如，她对待自己丈夫和孩子的方式，以及她回应我的方式，尤其是对我父亲死讯的反应）的人感到温情，或是偶尔对她产生同情。

后来在我描述的这次会谈里，我对 S 太太说，我想我低估了我们关系中的两件事情：一是曾经存在的情感的分量；二是我们之间可以完全不存在任何关系的程度。当我对此失察时，我就不能理解她是谁以及我们作为一个整体是什么。我补充道，我觉得随着我们对彼此的了解，我们之间不存在任何人类联结的可能程度也随着时间的推移而减少了，但处理起来仍需要很大的力气。

S 太太回应道，我之前从未用过那种方式与她说话。之前，她总是觉得我和她一样冷酷，她能听到我声音中的寒意。但在刚才，她没有听到。S 太太继续说，她不相信这种寒意已经不在了，但至少在这一刻寒意没有主导我们之间发生的所有事情。

我把这理解成病人对放松感的一种表达，她能接受我对她的理解了，而在此之前，在没有立刻攻击，或更通常而言，撤退到一种自负的孤独感或全能的偏执–分裂防御性幻想中的情况下，她是做不到的。我的解释既没有否认她情绪的死寂（她保护自己时所使用的偏执–分裂和自闭–毗连模式），也没有否认她日渐增长地体验到与我之间人性联结的能力（尽管她很少承认）。

结　语

本章讨论了四个临床案例，是为了阐明生机与死寂感如何在主体间分析性第三方中被体验，以及如何通过主体间分析性第三方体验的。在所描述的每个临床情境中，分析师都试图创造出分析性意义（"分析性客体"），这些曾在分析性相遇（analytic encounter）中被无意识呈现并有力地塑造，却被排除在了分析对话之外的东西。分析师通过运用自己的遐想、不突兀和日常的念头、情绪和感觉（通常看上去与病人无关），来生成特定的、口头符号化的意义，并能最终运用到解释过程中。在所描述的四个分析中，在移情－反移情中生成的生机与死寂体验的特殊品质组成了重要的主体间构造，该构造反映了被分析者内部客体世界的病理性结构的重要方面。

第 3 章

分析中的倒错主体

如今人们已广泛接受了如下观点：对倒错（perversion）的分析，从根本上说，不是去解码和解释在倒错病人性活动中上演的无意识幻想、焦虑和防御。相反，人们越来越意识到，其核心任务是理解和解释由病人倒错的内部客体世界所构成的移情现象（Malcolm 1970，Meltzer 1973）。我相信，让这一演变中的观点得到进一步拓展也很重要：以鄙人拙见，对倒错的分析，必然包含对在分析关系中逐步展开的*倒错性移情–反移情*的分析。

在倒错分析中，一个人如果没有（在某种程度上）进入病人在移情–反移情中所创建的倒错场景里，他就无法理解病人试图交流的内容。因此，如果分析师想要描写对倒错的分析，他就必须描绘他进入（关于）倒错性移情–反移情的个人体验；否则，他就只能满足于自己所给出的干瘪、脱节以及完全错误的分析画面，而无法捕捉到他在不知不觉中参与的倒错场景的诱惑体验[1]。

在本章中，我将通过一例详细的临床案例讨论来说明移情–反移情这种性变态（perversity）形式是如何从心理死寂的核心经验中衍生而来的。这种倒错形式的故事是一段幻想的历史，幻想自身的死产是无意识幻想中父母的徒劳性行为所导致的。因为主体（一个死产婴儿）已死，无法讲述这个故事（即主体可以经验到），因此讲述（创造）故事的这一行动

---

1 根据我的经验，倒错性主体间构造在对倒错的分析过程中生成，在这些结构逐渐展开的过程中，（很大程度上）分析师将难免无法在意识层面觉察到它们。因此，分析师有必要尝试"……用自己的无意识抓住病人无意识里的漂流物"（Freud 1923a，p.239）。分析师在某种意义上必须在"事实之后"去理解倒错性的移情–反移情，例如，在他进行心理工作时，要求能关注到他自身的（以及参与其中时的）倒错性移情–反移情的无意识体验。

就是一个谎言，是一个猜谜游戏。矛盾的是，在分析过程情境中，这个谎言及对其谬误的觉察是真相唯一的实际所在地（对分析师和被分析者而言，唯一共同感到真实的体验）。

我接下来将要讨论的倒错类型可以理解为主要涉及颠覆主体心理死亡的认识（以及对他／她参与其中的分析过程中的空虚感的认识），还涉及用虚幻主体，即分析中的倒错主体来代替这一认识。分析中的倒错主体是讲述者，讲述在分析性舞台上看起来是情色的但实际上是空洞的戏剧。戏剧本身的设计是为了展现出一种错误印象，那就是讲述者（倒错主体）在他／她的兴奋力量下而变得生机勃勃。为了逃避心理死寂体验和识别分析性对话／交互中的空虚感，倒错分析场景和分析中的倒错主体是一同被分析师和被分析者构建出来的。在某种意义上，分析中的倒错主体构成了一个第三方分析主体，即分析师和被分析者通过他们独立却相关的人格系统中的个人主体性主体间地创造出的第三方分析主体，并通过个人主体性来体验这一第三方分析主体。因此，分析师和被分析者对共同创造出的主体间构造物（倒错主体）有着不同的体验［在最近发表的系列论文中（Ogden 1992a，b，1994a，b，c，d）。我已讨论了主体间分析性第三方的概念和主体间第三方的具体形式，如投射性认同的征服性第三方等（Ogden 1994c，d）］。

所有的分析中都会不同程度地出现移情－反移情的倒错。对某些病人而言，这是分析性互动的主要形式，它使所有其他防御和客体关系模式在它面前都会黯然失色。对某些病人而言，这只在分析中的一个或多个特殊时期占主要位置。还有一部分病人，（属于）移情－反移情中的性变态则代表了一种背景，其自身以一种伪装得很好的性兴奋形式呈现，与这种性兴奋相联系的是病人这一方用一种虽然很基础却难以觉察的方式，阻碍分析的无意识努力［例如，与病人长期不能／不愿在分析中产生一个原创性的想法有关的无意识兴奋（Ogden 1994 b）］。

　　此处将要讨论的对倒错的理解极度倚重几位在英国和法国从业的精神分析思想家提出的思想。卡汉（Khan 1979）曾将性变态阐述为它代表了一种强迫性重复，通过这种方式努力创造出一种经验，以伪装和部分替代作为人的生机感。麦独孤（McDougall 1978, 1986）讨论了性偏差病人对产生"新式性行为"的需要。这是一种构建自我的努力，虽然这里构建的自我和性行为都显得零碎、防御和不真实。切斯盖特－思迈格尔（Chasseguet-Smirgel 1984）将倒错病人描述成依靠"无限制的性可能"这样全能断言的人，这种无意识努力把他们与自己所害怕觉察的两性差异和代际差异隔离开，从而起到自我保护的作用。麦尔考姆（Malcolm 1970）曾通过临床案例阐述过一个观点，那就是对性倒错的分析不是剖析性偏差行为所代表的象征意义，而是分析在分析关系中逐渐形成的移情倒错体验（同见Meltzer 1973）。最近，约瑟夫（Joseph 1994）把分析设置中的倒错性兴奋理解为，通过把移情和思维活动持续的性化（sexualization），从而实现对分析师和被分析者思考能力的攻击。

　　在接下来的临床讨论中，我将关注分析的主体间性倒错（perversion of analytic intersubjectivity）自身所呈现出的技术难题。我会讨论分析师将面临的挑战：既要从他自身的体验出发，形成对倒错分析过程的理解，又要保持对性倒错过程的自我思考和自我对话的能力，并最终用口头阐述的方式与病人讨论他的理解。在临床例证讨论之后，我将对倒错的结构方面作出一些理论说明。

临床例证：透过窥镜

　　A 女士在第一次会谈中告诉我她决定来咨询的原因是她的婚姻已经"名存实亡"。她与丈夫没有性生活已经超过 5 年了。病人告诉我最令她不安的是她最近才意识到这一情况并没有使她烦恼。过去，每件事都非常重要，但现在她已人到中年（43 岁），什么事似乎都无所谓了。两个孩子十七八岁，并且已经离开家去上大学了。在我看来，尽管 A 女士在我们最初的几次会谈里没有撒谎，但她前来求助的原因却远不只是她前面所讲的那些。当然，这种情况很常见，但是我很清晰地感觉到，对于一些重要的且 A 女士心里清楚的事，A 女士有意将我蒙在鼓里。与她一起工作时，好像有一种观看（或在幻想中置身于）侦探电影的感觉。尤其让我想到《唐人街》（*Chinatown*，1974 年上映，由罗曼 · 波兰斯基执导的惊悚悬疑片）里面的杰克 · 尼科尔森和费 · 唐纳薇，以及其他几部由亨弗莱 · 鲍嘉和劳伦 · 白考尔演的我想不起来名字的电影。我对 A 女士很感兴趣。她的用词富于想象，说话的方式也充满了活力，与她把自己描述成死气沉沉的中年女性毫不相符。

　　在分析的第一年，A 女士向我讲述了她在南加州的童年生活。她的父亲曾是一位房地产开发商，很快富了起来，之后却因为一系列 A 女士并不知情的事件而被迫破产。病人的父亲从未让朋友和同事知道他曾经破产，粉饰太平长达 10 多年。在此期间，她的父亲又聚集出一个甚至比他之前所持产业更加庞大的房地产"帝国"。在 A 女士父亲的帝国重建后，他的大多数朋友、客户和商业伙伴都是与电影产业有关的人。病人的父母每月都会在家里举办一两次大型派对，这构成了整个家庭生活的中心。看起来父母都在被持续地"消费"：A 女士的母亲全身心地投入下场派对的准备工作，而她的父亲则以一种"狂热的强度"为下个房地产交易忙碌。

病人家中的这些社交活动存在大量的酗酒等负面行为。一些宾客的变装癖和对"粗暴同性性行为"的炫耀在病人的记忆中栩栩如生。Ａ女士参加了大部分派对，她说如果自己不假装像个大人就会被忽视（"好像那里没有小孩在场"）。有时，她会觉得自己像是这位或那位客人的道具，用以展现他或她"对孩子的敏感"。另一些时候，她被当成"小大人"，让她觉得自己像是某个她并不理解的笑话的笑点。她时常会因为"一切的绝对可预测性，即可以指望每一个人都完美地待在他／她的角色里"而感到十分厌烦。

尽管病人不记得曾目睹过公开的性行为或是成为其对象，但她说她觉得"接吻接得太多了"。Ａ女士说，她逐渐了解到这种接吻方式是一种"社会情感"。然而，这还是让她感到"恶心"。病人在描述这些派对时有一种略加掩饰的自豪感。她会顺便提到一些曾是自家派对常客的著名影星的名字。

在Ａ女士对自己童年生活的描述中，她父母的形象浮现了出来：这对夫妻在一心一意同心协力地创造出一种被"一大群"富人、名人簇拥的幻觉，而实际上，他们之间以及与孩子之间几乎毫无瓜葛。病人的母亲常年遭受着失眠和其他"紧张状况"的折磨。为不打扰到病人的父亲，她会整晚在客房读书。病人没有公开承认，她的父母在几乎整个婚姻期间都保留着各自独立的卧室。事实上，在分析的开始，Ａ女士并未充分意识到她的怀疑：妈妈的"失眠"很像是一种维持独立卧室的计策。

头一年半的分析中大量的显性内容都涉及对病人生活，特别是她的童年生活的详细阐述。Ａ女士讲得非常有趣，但是并没有给我留下多少对她所说内容发表评论的空间。实际上，会谈中没有任何一段沉默超过数秒。病人也为她没能记起自己的梦而感到抱歉。

A女士不算传统意义上的美人，但是在她几乎所有的一言一行中，都存在着一种引人注目的、微妙的性感。我每天都期待与她见面并且享受听她讲故事。在等候室，病人见到我会热情地微笑，传递出一种她非常乐于见到我，但绝不会拼命依赖我的感觉。A女士有一种年轻特有的独立性，看起来像是在邀请我加入她的反叛当中。她给我一种她只是刚好在附近，所以临时决定过来拜访一下的感觉。与此同时，病人坚守分析框架的安排，很少迟到，按时付费，并会在极少的电话留言场合称呼我为"奥格登博士"。

病人有一些持续存在的幻想，包括她觉得我在向她隐瞒其实我有严重的身体疾病。病人还害怕我会违反保密协定，例如，对如果她丈夫愤怒地指责我为了自己的利益无休止地对病人做分析工作，或是指责我鼓励病人离开他，我会想与她丈夫进行交谈等感到焦虑。我们详细地讨论了这些幻想，还讨论了病人认为我表里不一的想法，以及她可能觉得自己在用某些方式欺骗我的想法。此外，我还与病人讨论了她认为我想要从她的丈夫那把她偷走的想法，以及我们为了争夺她为她而战的兴奋感。然而，这些解释在我看来非常机械。这些单调的解释和病人对这些解释的反应都说明通常在分析中反思性思维难得一见。在讲述有趣故事时，病人所表现出的聪慧和天赋看起来像是自发的、创造性思维的替代品（我同样感到有必要变得聪明，并注意到我会偶尔给出病人暂时忘记的书名或者诗歌名）。

我决定在治疗期间尝试专注于自己的"遐想"（Bion 1962a），因为我认为这方面的分析经验对理解移情 – 反移情而言不可或缺（Ogden 1989b，1994a，b，c，d）。在此期间的一次会谈中，病人谈到前一天晚上与丈夫一起看电视节目的事。她描述，他们二人在客厅沙发上相邻而坐的方式让她觉得他们像是在地铁上相邻而坐的两个陌生人，彼此之间没有一丝联结的感觉。在 A 女士讲述的时候，我发现我在想事情：紧邻我的办公楼有一个停车场，里面的服务生准备在这个停车场里开个洗车店。他最近购买的商用真空吸尘器会在使用时发出震耳欲聋的噪声。他那在我看来厚颜无耻且粗鲁的女友也在洗车店里帮忙。我想着给市政厅打电话投诉他们的噪声违反了地方性法规。有这样的法规吗？怎么可能没有？市政厅里有没有可以与我商议此事的人？肯定有某些上诉程序。当我在想象这对既不可理喻又不友好的情侣和市政厅里互相推责的官僚主义迷宫时，我变得越来越焦虑。

当我从这越来越纷繁的一系列想法、情绪和感觉中清醒时，我被自己所感受到的焦虑强度给吓到了。[1] 我为这对情侣与病人父母之间的平行过程感到疑惑，这两对伴侣所施行的计划不论是病人还是我都没有能力去影响。我假设真空吸尘器的噪声吓人且扰民的想法或许可以与病人父母的卧室里传出噪声的幻想相联系，那是性交的恼人噪声，既空洞（一个真空）又极具消耗性（把病人的内部客体世界吸进去了）。我的假设很关心遐想的元素与我和病人在一起时的体验之间的联系，这样的假设看起来有些勉强且有些理智化。然而，这个遐想让我觉得极度不安，让我警觉我和病人之间正在发生着什么深深地困扰着我的事。

在上述会谈后的几个月里，我逐渐意识到，我开始为别人可能知道

1　由于描述遐想体验需要相当大的时间跨度，当我努力用线性的方式去描述它时，没能很好地表现出分析的韵律。遐想中所包含的想法、情绪和感受可能转瞬即逝。因此，认为分析师使用遐想是一种脱节了的、自我陶醉的和漫不经心的心理状态是不准确的。相反，在分析性主体间的背景下，分析师专注于自身所产生的情感状态，这能对他感知强烈情感的即时性和感受当下这一刻分析师与病人之间无意识体验的共鸣有所帮助。

我是 A 女士的分析师这一想法而感到自豪。我乐于这样幻想又为此感到羞愧（于是设法让这种幻想不被我的意识察觉）。A 女士会穿戴各式各样的帽子、大衣和围巾，我发现自己对每天她会穿什么样的衣服来会谈很感兴趣。当她走进会谈室，她会把大衣放在沙发边的地板上（几乎在我脚边）。设计师的标签经常露在外面，去看这些（倒置的）商标会很费劲。[我需要强调我所描述的反移情[1]感受是由尚未成为分析焦点的无声背景组成的。换句话说，分析的这些方面尚未成为"分析性客体"（ Bion 1962 a，Green 1975，Ogden 1994 a，b，c），即主体间经验的这些元素尚未被运用在产生分析意义的过程中。反之，这一系列想法、情绪和感受仍大部分处于无意识主体间领域，我在那一刻更像参与者而非观察者。]

　　通常很难说到底是什么促成心理–人际力量平衡的转变，从而使这些背景经验能在意识层面被当作分析材料。在我们正讨论的工作阶段，我们发现部分是因为另外一组充满焦虑的遐想（和前面描述的遐想经验有关），让迄今为止大部分的无意识背景体验开始转变为"分析性客体"。最初，我的焦虑是弥散的，集中在我可能比较健忘这一感觉上。我曾体验过不要忘记给一位生日即将到来的亲戚寄生日贺卡所感受到的压力。我曾改动过与一位病人的会谈时间，之后为不确定自己能否准时到场而备感压力。我注意到，在与 A 女士的会谈中，这些稍纵即逝的想法都和我意识中存在"坑洞"的感觉有关。我想知道究竟是什么让我在同 A 女士的

1　我所使用的术语*反移情*，指的是分析师关于移情–反移情和贡献给移情–反移情的体验。如前所述，移情–反移情被理解成一种无意识主体间构造，该构造由分析师和被分析者分别独立体验。我不会把移情和反移情设想成从同一个主体间总体中独立出现的分离性心理实体，或是一方对另一方的回应，而是把它设想成同一个主体间总体的不同侧面（ Loewald 1986，Ogden 1994 a，d）。

工作中蒙蔽了双眼。现在焦虑变得真实且迫切，虽然还不明确：对我而言，它和主导性的无意识移情焦虑之间有什么有意义的联系，我至今仍然不清晰。然而，在移情 - 反移情中，我的自我意识的质量已经发生了改变。

在接下来几周的分析中，我呈现的焦虑越来越特定。在快与 A 女士进行会谈前，我开始体验到焦虑，感到极度尴尬和难为情。与她在休息室的见面感觉像是要开始一场约会。A 女士似乎并没有感受到这些焦虑，如果硬要说有什么不一样的话，好像她说话、穿衣等的姿态都更优雅和流畅了。

恰恰在分析的这个阶段，病人讲述了下面这个梦：

> 一位老人正坐在书房里看书。这书房很像你的办公室，但实际上并不是。书房很暗，给人一种潮湿、脏乱的感觉。人们正透过窗户窥视他，我也是其中之一。为了不被逮到，保持完全静止是非常重要的。我害怕我会尿出来。他看上去像是一位抑郁、邋遢的老人。我觉得他只是在假装阅读或强迫自己阅读。我还感觉到他在试着通过阅读激起自己的性欲，但并不管用。我不确定我是在梦里这样想还是在醒后这样想，但感觉上他好像知道我有多么想撒尿。

这时，有一个非常恼人的想法出现在我的脑海中，A 女士一定在我观察她的同时也观察着我（这个梦中有偷窥的兴奋，有在秘密且兴奋的观察行为中的被观察，以及关于谁在观察谁的不确定性）。她一定知道我曾试着去看她正好放在我脚边的大衣上的标签。她知道多久了？想到自己一直被看到在偷看，我感到十分尴尬。一切好像都被突然且意外地颠倒了：曾经私密的变得公开；曾经让人感觉单纯的好奇变成了淫欲；病人的冷淡呈现出一种操纵性的控制感；曾经感到的亲近现在感觉像是被人愚弄。

有一瞬间在我看来像是有人小心翼翼地设下了一个陷阱，而我触发了它的机关，但我同样知道我也参与了设置这个陷阱。我触发了机关还不是最让我感到丢脸的事。我的尴尬感受集中在我其实早就触发了机关却一直没有意识到我已经这样做了的念头上。我感觉好像我个人观察（现在感觉像是偷窥狂）的每一步都在被观察。我的秘密从来都不是秘密。另外，我还感到一种强烈的背叛感。

现在，我终于第一次完全承认当自己被卷入与 A 女士的情色二重奏后，我在无意识中感觉到了骄傲、愉悦和罪恶。在这个承认的瞬间，在这一场景中扮演的角色体验立马从我觉得自己是个成年人，转变成了我觉得自己是个在自我欺骗行为中被抓住的婴儿或小孩。我的不成熟暴露无遗。我感觉自己被隔挡在了成人的性之外，于是我的鼻子也像病人梦中所呈现的那样，紧贴在玻璃上，透过梦中的窗户偷看。同时，我还体验到了一种婴儿式（泌尿式）的性兴奋。

在这个节点，我开始能够与自己更加全面地谈论我在移情–反移情中的体验了。看来我们在分析中已经创造了一个共同的无意识构造，通过病人内部客体世界某些重要方面才能获得有形的影像。看来我所感受到的强烈尴尬代表了病人对屈辱的否认与投射，这种屈辱是因为病人发现自己成了父母（堕落）性交（部分等同于"派对"）的幼稚旁观者（更难觉察的是，病人觉得父母也在兴奋地观察她的兴奋）。我既经历了成为父母性行为中的一员的错觉/妄想，也体验到了作为现场唯一的小孩，正兴奋地假装自己是这原初场景的一部分，却最终被揭露的屈辱。

在这场移情–反移情的戏剧（不对称地）共享体验中，A 女士和我都用了自己的方式坚持认为我们不是父母性交的局外人，而是"真实"参与其中的成年人。此刻，我开始将病人的梦理解成对 A 女士内部客体世界某一侧面的反应，我之前仅在潜意识层面有所察觉：在梦中性交的画面是死气沉沉的。那位老人（同时代表了我、病人的内部客体世界，以及这段分析关系）沮丧且孤独，正强迫进行阅读的动作或者正在尝试用独自的、空洞的性兴奋去摆脱自己的沮丧。

当我从自己的遐想和后续念头中"清醒"时，我尝试重新把注意力放在病人正在说的内容上。当然，我并不是回到了"我们已经离开的地方"，而是去了一个之前从未到过的"地方"。A 女士一开始谈论自己的梦境时，是将这个梦与她常年害怕我生病这一体验相联系的，毕竟确实在这个梦中，病是抑郁。之后，她说这个梦让她想起了在会谈开始前等候室中所发生的事情。她告诉我她看向我时，通过检查我眼下是否有黑眼圈来确认我是否疲惫或者不舒服。她希望我未曾留意到她在用"那种方式"看着我。

之后，病人突然转移了话题。我问她，当她突然中断自己在等候室中所观察到的东西和情绪时是否感觉到了焦虑。她说："我感到了整屋子的焦虑。我感到这么毫无遮拦地看你会很危险。"［在我看来，病人在（用一种焦虑且矛盾的方式）无意识地尝试与我谈论，在分析中已经发生并且在梦中也已有描绘的这一令人兴奋的窥视与被窥视戏码所存在的危险。］

我说我认为 A 女士已经体验到，在梦中她同时存在于不止一处，并且可能在与我的关系中也是如此。尽管她部分体验到自己是透过窗户偷看人群中的一员，在我看来，她也同样认同了我办公室中的邋遢老头，并且正在观察他兴奋地观察自己（指病人）这一举动（在梦中，我与这位老头的关系如此明显以至于让我觉得没有必要详细说明这一点）。

我对 A 女士说她把这个梦与她在等候室中偷看我的行为联系在一起了。我告诉她，我觉得有些时候她既希望我理解，又害怕我了解到这一令她感到羞耻但形式特殊的偷窥的重要性。我说我觉得她在试着向我展示，梦中她感觉到了我们关系中的一个侧面，这个侧面包含与偷窥体验和在兴奋注视行为中被抓到的体验相关联的兴奋感（为避免进入另一种形式的施虐行为，我选择此时不具体描述分析情境所上演的东西）。这个解释为病人和我都带来了可觉察的放松。A 女士在听完我的评论后沉默了好几分钟（分析中第一次出现的长时间沉默）。在沉默期间，我感觉到了在与 A 女士的相处中一种前所未有的轻松。

接着病人告诉我，我刚才所说的话让她感到"被理解，但又未被暴露，如果这种区分有意义的话"。她说她本来以为在听我讲完这一部分关于她的内容后会感受到令人痛苦的尴尬。然后，在那次会谈剩下的几分钟里，她持续保持着沉默。

接下来的会谈，A 女士用她昨晚所做的梦作为开场。梦中她是自己孩童时的样子。在梦里，她醒来发现自己患了小儿麻痹症（她还很小的时候极度害怕的一种病）。醒来后（在梦里），她发现自己的双腿不仅无法挪动，也没有任何知觉。她同时感受到极度的惊恐和出奇的平静。她想自己再也不能挪动双腿或者让双腿重获知觉了。

病人说她感觉这个梦是对我们前面会谈中所发生事件的回应。她说梦中很安静，在某种程度上让她想起了会谈中的沉默。梦中的情绪也是恐惧与释怀并存的这种非常奇异的组合，还与她最害怕但还是发生了的事相关联。我想起了温尼科特（1974）的观点，他认为我们所恐惧的事件（害怕崩溃）是那些早已发生却还未被体验到的事件。我同时想到，但没有说，病人开始承认情绪／感官上的死寂（麻痹和感觉丧失）了，而不是即刻用有趣的故事去掩埋：那一刻的沉默，没有充斥着噪声。看上去病人已经逐渐拥有了观察能力的嫩芽并且有能力去思考她正在经历的体验，例如，她的死寂感。现在，一部分的她（体现为梦中她能感受／未麻痪的部分）可以矛盾地感受到另一部分她的死寂了，也可以把谎言（噪声）体验成谎言。

因版面空间所限，本章无法对随后年月里在这场分析中所发生的事情进行事无巨细的叙述。紧随着刚刚所描述的移情－反移情转变，我们展开了一场讨论。讨论的主题是在这场分析中病人以一种性兴奋的方式偷看我的体验的主要作用，以及她幻想着，在我兴奋地观察她的同时，她也秘密、兴奋地且略带危险性地观察着我，她这样的幻想在整场分析中所起的主要作用。在这一阶段的工作过程中，我们开始逐步讨论治疗内的见诸行动（例如，病人观察我看着她把衣服放在我脚边的动作）的细节。同样，这些讨论进行的方式不至于让病人、分析师或这场分析产生令人尴尬／兴奋的脱衣服的效果。相反，病人的孤寂和无望这种主导情绪能够通过其自身，而不是通过一个"虚拟的人"去体验。

A女士开始理解倒错性防御的元素在使她免受死寂体验的侵害这一点上曾发挥过不可估量的作用，而她曾害怕自己根本无法承受这种死寂体验。在分析过程中，病人描述了她生活的一些方面，这些方面她曾顺带提及过，但几乎没有在分析中作为"分析性客体"出现，即可以在逐渐明晰的意义网络背景下去体验、注意、考虑和思索各种具有意义的事件。如果说对过往事件的这些觉察被无意识或者有意抑制了，这是不准确的；准确的说法是，她感到生活中绝大多数未说出口（将会被讨论）的部分与讲述有趣的故事毫无关联，以至于"我从未想到要去谈论这些事情"［弗洛伊德（1927）曾讨论过性变态包含了彻底的精神失联过程。类似的分裂形式反映在反移情体验中则是感到"处于黑暗中""在盲目飞行"，以及在我的意识中存在"坑洞"］。

随着时间推移，A女士告诉我，从她小时候起就一直在为要让人们，包括男孩和女孩、男人和女人，都觉得她神秘且性感而备感"消耗"。在高中时，她"完全痴迷"于让男孩们"追求她"。"无论我在哪里，无论我在做什么，我都会用眼睛的余光观察谁在看我。"

A女士的青春期经历十分混乱。高中时，她将自己视为"解放的反叛者"。但是久而久之这种情况变得越来越令人痛苦，因为她感到在被一些自己不能控制的东西推着走。不仅如此，她还无法向任何人谈起自己的失控感，这也让她感到极度孤独。A女士曾尝试通过避免一个人独处来消弭自己的孤独感。她回想起大学时，自己会和朋友聊天到深夜，直至这些朋友全都睡着，而她自己才会在地板上睡着。

在这段混乱又孤单的时光里，病人几乎完全无法思考，或者说无法与自己或他人谈论在她身上到底发生了什么。相反，那些本可以想到的或者感受到的东西被体验成了与各种身心疾病混合在一起的极度肌肉紧张。这些身心疾病包括长期月经不调、皮肤炎和剧烈头痛。A女士说她无法阅读，也无法专心，只能通过频繁的考试作弊和抄袭其他同学的作业来应付功课。作弊本身变得令人兴奋。A女士也乐于向她的朋友"炫耀"她所冒过的险。

病人说，当她向我提起关于自己的"英勇事迹"时，有一种羞愧与骄傲交织的感觉。她告诉我让她如此大胆的原因是："即便我被抓到了，我打心眼里也不在乎（did not give a shit）。他们能拿我怎样？"A女士的用词令我惊讶，因为她之前从未说过这样的话。我（静静地）想，她是否在想象如果没有这副具有人的基本功能——例如排便（not giving a shit）——的皮囊，那么就可以为自己找到一条出路，以逃离情绪和肉体的囹圄，她无须再受困于其中，也无须再去感受精神上被扼杀的危险。之后（在几周的时间里一点一点地），我暗示A女士，在我面前她曾迂回地、挑衅般地声称要存活于"系统之外"（超越法律，超脱身体），这在很长一段时间里都是她在保护自己不被她内心中别人的生活接管的一种重要方式。我说道，她看起来像是觉得非常有优越感和特殊感，但同时好像又觉得自己在停止"成为任何人"。病人开始认识到她最深的困惑，即她到底是受了谁的欲望的驱使才会热衷于参加那些派对，并且看起来，要把自己的欲望从别人的那些欲望中分离出来已经是不可能的了。我们探讨了这些认识的移情意义，包括在梦中与这场分析里所出现的移情–反移情事件中，究竟是谁的性兴奋这样的困惑等。

在讨论这一系列感受时，病人开始意识到，是她防御性地创造出自己有能力"做到任何自己想做的事"的幻想让她与其他人格格不入。她"居住在一个与其他所有人都不同的世界"这一幻觉，在某种程度上缓解了她因为不知道她所体验到的欲望到底是谁的欲望这样的困惑而产生的焦虑感。A 女士开始理解被她的权力感所掩盖的，是一种在她的"壮举"、诡计和操控之外去思考、感受和行动的无意识无能感（瘫痪感）。她的世界里充满了不假思索的行动和反应。A 女士说在她生命中的某些时期，尤其是大学生活的后几年，曾短暂地认识到自己奇异的生活方式，并为之感到害怕和深深的羞耻。尽管她有很多性经历，但她对性爱感到厌烦。在性交时，她感觉好像自己正在观看所发生的一切，这种方式非常像"正在看没那么有趣的电视节目"，觉察到这种想法和她生活中其他部分的无人性的特质有时会令 A 女士感到非常不安。然而，与这些自我觉察时刻相连的绝望感总是稍纵即逝的。

在这些叙述和一系列理解逐步展开的工作阶段，我感觉到 A 女士语言符号化的内容和移情–反移情矩阵（Ogden 1991a）之间的连续感越来越强。回头来看，这场分析最初几年的显著特征便是在言语内容与体验情境之间明显的和潜在的非连续性。这段分析关系所表现出的和被承认的部分，与恼人、兴奋的"第二叙事"相当割裂。这种"第二叙事"抗拒符号化，并且保有一种强大的、色情化的（主要是无意识的）主体间构造。

讨　论

　　A女士对我做的第一个陈述是关于她的婚姻（在无意识层面，也是她的生活）"名存实亡"。我花了很长时间去深度理解她无意识层面到底在告诉我什么。一开始，A女士在展现自己时就呈现出一种让人难以觉察的、诱人的羞怯。在所有未被说出的话中也同样传递着神秘的特质，让我总感到"身处黑暗中"；或许在无意识层面是在一间漆黑的卧室里。回头来看，我最初认为病人和我像侦探电影中的角色的那些想法可以理解成是对我无意识感受的一种反应。它反映了我们的分析关系建立在了一堆令人迷惑的基础之上：混合了夸张的色情幻想、搪塞、自我欺骗和倒错原始情境的背景主题（即在《唐人街》这部电影中所描绘的施虐受虐乱伦关系）。

　　我已经发现病人对童年时期（她的故事）的描述不仅有趣，还时常引人入胜。这是因为在成年人充满性兴奋和暴露癖的秘密世界中，病人占据了一个享有特权的位置，在这个位置上病人能以小孩的身份出现，同时又不像小孩，她被这一体验迷住了（并且她也在使别人着迷）。她观察并（从远处）参加了"派对"（这在无意识中等同于刚才的原始情境）。病人觉得没有任何一个普通小孩会被允许知晓这些非同寻常的事情，更不用说看到、听到、闻到或者触摸到了。A女士想象自己知道一些重要且骇人听闻的秘密，例如，她父亲在经济上、性上、情感上破产的秘密，以及某些人成功地保留了男性和女性双重身份的秘密（以她曾观察到并能生动回忆起的同性恋和异装行为为代表）。

　　在病人最初关于她童年期的陈述中，较少为意识所觉察的是她这些幻想的重要作用。她幻想自己并非"只是个孩子"，而是派对中的一员，并且，她（在认同同性恋和异装癖者角色上）不只局限于是男性或女性中的一员，也不局限在某一特定辈分上（参见，Chasseguet-Smirgel 1984）。

A女士发现她的观察和（在幻想中的）参与令她感到兴奋的同时，也会令她体验到死寂。病人无意识地了解到了她父母分床睡的安排，也感受到了部分由药物引起的、轻度躁狂的、暴露癖式的性爱场景中的空虚，同时又感到恐惧、厌恶、古怪，乃至感到单调、乏味。这种充满自相矛盾的、乏味的"兴奋"经验是移情－反移情中一个强有力的元素。我和病人都在试图用无意识的色情化小伎俩来掩盖和唤醒在分析中持续缺失的自发性思维。例如，我们都会随意地提起一些名人以抬高身价，或试图使用"最恰到好处、心照不宣的措辞"来应对分析中的压力。

我关于停车场要开洗车店的那段遐想为移情－反移情成分的成功体验提供了一个重要媒介，这些成分虽然很早就有所呈现，但那时我和A女士都无法生成可用言语表述的符号化的分析性意义。我的遐想涉及一台震耳欲聋的吸尘器正在被一对恶魔般的情侣操纵，并且我还无力阻止这种行为。这对情侣好像在言语和人类情感都不能触及的法外之地经营着洗车店。在遐想中，市政厅不仅没有法律，其核心也没有人性。

这个遐想象征了在分析演变过程中的一个重要的进展，因为它在我所参与的主体间构造（分析中的倒错主体）之外，同时又由这一主体间构造所提示，这种视角为我提供了一个立足点。

"洗车遐想"的含义感觉与我在移情－反移情中的体验毫不相关，然而这一遐想对我产生了深远的扰动影响，它以一种性质完全不同的方式警醒我关注和这位病人在一起时的体验。我开始（带着相当程度的羞耻）注意到我为能作为A女士的分析师而感到骄傲（"被别人看到与她在一起"所带来的愉悦），以及我观察到她把衣服放在我脚边时所体验到的荣幸。

同时，我开始发觉自己意识上所感受到的"坑洞"或者盲点，这更加让我觉得我在扮演 A 女士的分析师这一角色时，正在对一些重要的事情视而不见 [参见斯坦纳（ Steiner 1985 ）在俄狄浦斯神话中对"视而不见"这一意义的讨论]。

我所描述的经验日益积累，带来了一种相当弥散的焦虑，并且这种焦虑在我的体验里转变成了一种有非常明确定义和有意识清晰表达的（和观察与被观察有关的）性焦虑。我在以一种不安的（意识层面的）幻想形式去体验这种焦虑，那就是每当我在等候室与 A 女士相遇，就好像是为了要与她约会。

从这一点上来讲，病人向我讲述她那个被观察的男人的梦境，是为了以此来具象化建构移情 – 反移情体验的一系列含义，这一系列含义很强大但仍处于无意识层面。虽然我有某些突然的察觉，却花了相当长的一段时间才意识到秘密地观察与被观察这一体验的核心重要性（就像在我的遐想中出现的那样）。当病人向我讲述她的梦时，一个明显的情感转变发生了。之前被我体验成色情化观察与被观察的想法现在变成了详尽的、发自肺腑的认识，那是一种以好奇、色欲的特殊形式去观察进而被抓包的体验。涉及移情 – 反移情事件的曝光，其本质是对婴儿 / 儿童兴奋地观察（并且在想象中参与）原始情境的曝光。与此行为相关联的我的羞耻感在很大程度上源于感觉自己被揭了老底，因为本来只是一个自以为是、自我欺骗的婴儿/儿童却要假装是一个成年人参与到原始情境当中。

正在讨论的这个移情–反移情体验不仅是一个被曝光的痛苦体验，它（在无意识中）还等同于以下体验：先兴奋地诱惑观察者，然后曝光观察者，其本质只是一个被排除在外的婴儿 / 儿童。病人"当场抓住观察者"的体验源于她感到自己是一个嫉妒的、受到排挤的、好奇的、性唤起的、自我欺骗的婴儿时所产生的防御式否认、分裂和投射。此外，A 女士引诱我的行为本身就是兴奋的来源，因为她始终处于"被当场抓住"偷窥我观察她的危险当中。需要记住的是，所有的这一切都发生在一个原本死寂的交流／性交情境下（非自省的"报告"和"讲故事"里几乎完全没有自发的、创造性的思维）。就此而言，所描述的刺激／危险游戏的"兴奋感"代表了一种无意识的努力，即努力为真实的创造性交流／性交创造出一个替代品。病人的梦意象强调了这种性交的死寂：黑屋子里沮丧的老人仅在重复着阅读的动作，并（不太成功地）试图用性兴奋使自己远离空虚和抑郁。梦中的兴奋／危险（部分被体验为不由自主的尿急感）既存在于偷看这位老人（他那象征性的性交）的行为当中，也存在于自己的观察行为正被偷窥当中。我此刻给出的解释来源于我及我在倒错性移情－反移情中的体验，这些体验让我同时理解和感觉到对这一内部客体关系中曝光的部分和被曝光部分的同情心：这两部分能如此地主宰着病人的生活，也主宰着分析的生命。

　　然后，病人开始进入"重述生活"的过程（Schafer 1994）。不是重新讲述一遍，而是在移情－反移情和分析过程中产生了一系列新的主体间经验，并能在此背景下重铸过去。病人生成了一种新的叙事。因为这种叙事建立在更少恐惧、更少焦虑性自欺的自我经验及与他人的关系经验上，所以过去和当下具有连贯一致的形式。在这一阶段的工作中，A 女士有了自我反思的能力。说出来的话不再是主要用于创造海上女妖之歌[1]的媒介，而是通过承认分析师和被分析者角色的塑造作用，作为一种运载工具参与分析性对话。此外，病人开始第一次显现出自己所具备的容纳（忍受）死寂经验的能力（以她梦中的瘫痪和没有感觉的腿为代表）。

1　a Siren song，来源于希腊神话，常指虚伪而诱人的言语。——译者注

她曾经会通过色情化防御的手段去极力掩盖这种死寂经验。现在沉默也可以被忍受了，而不会立刻转变为色情化、有吸引力地讲故事的"噪声"。

同时，必须要强调在最终变为更加稳定的心理改变之前，上述的分析性进展还仅仅是一个开端。在分析最初阶段的倒错式兴奋所涉及的假成熟后还伴随着很多其他形式的防御，用以抵制在令人困惑 / 害怕 / 兴奋 / 死寂的成人世界里"仅仅是一个婴儿"这种耻辱的感觉。例如，在 A 女士告诉我她如何在青少年和成年早期感到"疯魔"的过程中，移情还包含着急切的联合施压感 [作为"整体情境"（ Klein 1952, Joseph 1985, Ogden 1991a ）]，以在分析关系里极力否认辈分差异和角色差异。此外，病人用理智化防御手段使自己避免产生懵懂（ not knowing ）和"身处黑暗当中"的感觉。虽然被阻隔的这些移情焦虑与工作前期的体验在本质上相似，但有关移情－反移情的倒错已不再是构成交流、防御和客体联结的主要媒介了。

在结束本章的临床部分之前，我想简短地阐明前述讨论中所隐含的一个观点。刚刚所描述的这场分析反映的一个技术要素，就是分析师运用他那平凡谦逊且日常的思维、情绪、感受、幻想、白日梦、沉思等去理解由主体间生成的意义所构成的移情－反移情网络。在刚刚这部分分析中所发展出的领悟体验具有一种干扰识别的特性、一种突然逆转的感觉。这种心理活动的特性反映了倒错过程的本质，以及倒错在正直和欺骗、亲密和控制、真实和仿冒之间不稳定的、潜在的爆炸性张力。需要牢记在心的是，运用遐想去理解移情-反移情通常是一个"更为静谧"的过程，并且在视角上或在羞耻的自我欺骗感的层面上，通常不会引起此类戏剧性的转变。

几点理论评述

　　基于对上述倒错性移情－反移情各部分的理解，以及我和其他病人一起工作时对类似移情－反移情设定的分析经历（Ogden 1994b），我现在姑且对我所认为的这一类倒错结构的元素提出一些看法。前面所讨论的这一类倒错个体经历着内在的死寂，缺乏作为人类的生机感（Khan 1979，McDougall 1978，1986）；同时，自从他们被排斥在性交（生命之源）之外，变得毫无生气之后，此类倒错个体也发展出了一系列具体的象征性防御幻想，这类幻想的生机存在于父母之间（性和非性）的交往当中，而且"获得"这种生机的唯一途径就是进入这种性交中去（Britton 1989，Klein 1926，1928，Meltzer 1973，O'Shaughnessy 1989）。当然，从字面上讲，确实是父母的性交给了病人生命，但是对倒错病人而言，这个生物学事实并没有成为一个心理上的事实。

　　同时，这些倒错病人把父母的交往（在这个词最广义的含义上讲）幻想／体验成一件空洞的事情，并会想象原始情境缺乏生机是其内在死寂感的来源。这种想象在某种程度上基于病人自己对父母交往的嫉妒性攻击，也反映了病人对父母之间空洞情感联结的体验（知觉与幻想的综合）。这种对人类交流/性交的核心缺位的知觉/幻想让这些倒错病人感到，他们没有希望获得自己内部客体世界的活力，以及没有希望获得，他们与外部客体关系的生机。上述这类倒错最特殊的地方在于对空虚的强迫式色欲化。这类空虚可能处于或看似处于他们父母生殖性结合的中心。这种色欲化所产生的兴奋被他们用来作为其自身人性生机感和对他人人性认知的替代品。这种色情性替代品被无意识地体验成了一个谎言，而其他人也被强迫招募到了这个爱欲化谎言的设定中。

　　无意识幻想的、空洞的父母性交防御性地带来了令人兴奋的感觉，一部分是因为它的危险感。这些倒错病人会重复且强迫招募他人扮演自己的幻想，进入感觉上可能对自己的生活造成威胁的父母性交中（McDougall 1986）。同时，自我欺骗的这一关键行为也让病人能将自己从对所面临的危险现实的觉知中抽离出来。病人欺骗了自己还很得意，因为在他们的信念中，自己比任何人都要"飞得更靠近火焰"还不会引火烧身。他们相信自己对所有危险免疫的同时又会因为这些危险而变得极度兴奋。从父母空洞的性交中汲取生机（以及向父母空洞的性交中灌注生机）的这一迫切需求迫使病人走向对外部现实的炫耀，并且（无意识地）宣称自己存活于规则（包括社会规范和自然法则）之外（Chasseguet-Smirgel 1984）。既然个体的心理生活在某种意义上早已丧失（或者更准确地说，从未产生过），那他没有什么可失去的这一想法是有一定现实性的。

　　上述言论可用以下几个概括命题的形式简短说明：

　　1. 自我生机意识的健康发展等同于父母充满爱意的生殖性交往。这种交往方式会带来一种生机感，这种生机会让病人从中衍生出他或她自己的思想、情绪、感受、主体性、客体关系等层面的活力感和真实感。

　　2. 所讨论的这类倒错展现了从被体验为死寂的原始情境中汲取生命力的无休止却徒劳的努力。

　　3. 这类倒错所涉及的兴奋来源于愤世嫉俗地破坏某个（传说中的）事实，即被用以汲取活力的父母性交中的生机，从感觉上来讲好像根本不可企及并且可能从未存在过。换句话说，就是看上去充满爱意的父母生殖性交往感觉上好像是一个谎言、一个骗局。这些倒错病人以此内摄一个幻想中的堕落性交，接着在与他人交往中以一种强迫形式重复上演这一系列的内部客体关系。

4.在这类倒错形式中，恶性循环产生于所幻想的父母性交中没有爱情、没有生机并且是非生育性的；当病人尝试汲取生机（或更精确地讲，试图创造出生机的替代品）时，他在（徒劳地）尝试将虚假的兴奋灌注其中。既然在幻想中病人将父母性交体验成了死寂，倒错病人还试图从中汲取生机，那么他或她就是在尝试从死寂中汲取生机、从谎言中获得真理。或者，病人可能在试图将谎言作为真理/生命的替代物（Chasseguet-Smirgel 1984）。

5.试图向空洞的原始情境灌注生机（兴奋或者其他形式的生机感的替代品）的一个重要方法是在体验中"与危险调情"，用"无限飞近火焰"的方式玩命。

6.这些倒错病人的欲望吸纳了他人的欲望，也与他人的欲望相混淆。为了创造出自主生成欲望的假象，他们会更深地陷入对其自身体验防御性的错误认识和错误命名当中（Ogden 1988a）。

7.正如本章的临床案例所呈现的那样，谎言/无生机感构成了倒错性的移情–反移情的核心设定，而倒错分析从根本上就包括识别（精确命名）谎言/无生机感。通过这种方式，病人，或许是他或她有生以来第一次，感觉参与了一场拥有鲜活生机和真实体验的谈话中。

8.在分析中，最初升起的活力感和真实感来自对移情–反移情中的谎言/无生机感的识别，最终往往是对死寂的恐惧感。这种体验与还未被识别成谎言甚至被伪装成真理的谎言/无生机感的死寂体验不同。以前，这些谎言（空洞的性交）需要被灌注错误的/倒错的兴奋，从而努力为它带来生机及从中汲取生机。现在，对谎言的识别不再是一种性兴奋的体验，而是让富有生机的性（在整合的客体关系背景下）、生成性思维和对话得以体验的这种意识状态成为可能。

结　语

　　本章我用临床案例说明了对倒错的分析必然包括对无意识倒错性移情－反移情的阐释。分析师和被分析者都会参与此无意识倒错性移情－反移情中并各有贡献。病人无意识内部客体世界的倒错结构强有力地塑造了这个主体间构造物。分析师对他或她无意中参与的倒错设定的理解，部分产生于对那些通常看似与病人无关的平和的日常念头、情绪、幻想、白日梦、沉思、感受等的阐释和分析。以这种方式产生的领悟可以运用在对移情解释概念化的过程中。

第 4 章

隐私、遐想与分析技术

我认为这是二人互动的最高使命：彼此守卫对方的孤独。

R. M. 里尔克，1904

德彪西觉得音符与音符之间的空间才是音乐。精神分析也可有类似说法。分析师和被分析者的遐想处在构成分析性对话的言语之间。正是在这个充满遐想交互的空间里，才可以发现精神分析的音乐。本章试图检验一些方法（技术），作为分析师，我们仰仗这些方法（技术）去聆听精神分析的音乐。

在本章及下一章，关于精神分析技术，我会尝试描述三个不同但相互关联概念的启示。这些启示来源于对隐私、交流和"主体间分析性第三方"体验（Ogden 1992a，b，1994a，b，c，d）之间关系的理解。如即将讨论的那样，我相信分析过程的创立，取决于分析师和被分析者参与"遐想"状态（Bion 1962a）辩证性交互的能力。这些"遐想"状态同时具有隐私性和无意识地交流的特性。

首先我会简短地讨论分析性第三方的概念。接着，作为分析性框架中的一个成分，我将关注使用躺椅的作用。这会导向讨论躺椅与会谈频率之间的关系这个问题。

然后，我将提出，弗洛伊德（1900，1912，1913）引入并描述过的精神分析的"基本规则"无法促成被分析者（和分析师）可能产生遐想的条件，并且实际上通常妨碍了分析过程的创立。我会重新对基本规则进行概念化。

下一章，我将重新考量如何在分析过程中处理梦的一些普遍信念，也将提出另外一些方法。这些方法的概念基础是认为分析过程是分析师和被分析者主体性的辩证交互过程，这一交互过程可以促使"主体间梦域"的创立。在某种意义上讲，在分析过程中所梦到的梦是关于分析性第三方的梦。我将呈现分析工作的一个片段，其中我将梦看作主体间分析性梦域的产物，并以此为基础对其中的一个梦进行概念化和回应。

分析性第三方

在过去几年中，我逐渐发展出了这样一种概念：分析过程不仅仅涉及分析师和被分析者；在此之外，还存在着一个分析性第三方主体，我称为"主体间分析性第三方"，或者简单地说成"分析性第三方"（Ogden 1992a，b，1994a，b，c，d）。[分析性主体间性的相关概念参见（Baranger 1993）和（Green 1975）]。作为独立的个体，分析师和被分析者拥有他们各自的主体性，因此，分析性（主体间）第三方与分析师和被分析者处于辩证性的张力中。分析师和被分析者都各自参与到了无意识的主体间性（分析性第三方）构建中，但他们的参与是不对称的。具体而言，分析师和被分析者的角色关系决定了分析互动会优先探索被分析者的无意识内部客体世界。之所以如此，最根本是因为，分析关系的存在是为了帮助被分析者产生心理方面的改变，从而能以一种更加人性化的方式生活。优先探索被分析者的无意识生活是通过分析师运用自己的专业训练和经验实现的。在这一过程中，分析师会调用自己的无意识去接受被分析者的无意识"漂流"（Freud 1923a，p.239）。

有关主体间分析性第三方，病人和分析师的非对称性体验，不仅仅在于二者对其建构和阐述的贡献不同。在各自不同、独特的人格系统背景之下，这种非对称性还体现在分析师和被分析者对分析性第三方的体验上。他们各自不同的心理组织形式与自身对个人意义的分层和联结，塑造和构建了这一人格系统；而这些组织形式、分层和联结又源于他们自己全部的生活史和一系列独特的人生经历，以及他们自身组织和体验身体感觉的方式等。总而言之，分析性第三方不是让分析师和被分析者产生相同体验的事件，而是由一系列意识层面和无意识层面的主体间经验所共同不对称建构和体验的。

分析过程中躺椅的作用

在本部分，我将着重讨论分析性第三方这一概念对技术上的一些启示。这是因为它与分析性框架的一个重要元素有关：躺椅的用途。

躺椅是分析性框架的一个方面，在讨论它的作用之前，有必要先从这个难题开始：作为一种心理治疗过程，精神分析的必要组成元素是什么？框架必须为这一过程服务。因此，为了判断框架中的某种成分是否确实促进了精神分析过程，我们必须试着大致去了解这一过程的本质。

在此详尽地讨论精神分析作为治疗过程的基本组成成分，显然超出了本章的范围。相反，我将简明地给出对这一主题的一些思考。这些思考或许可以作为探索这个问题的一个起点。为此，我从弗洛伊德说起。弗洛伊德认为精神分析作为一种治疗方法，需有一些必要的构成元素。他（1914）认为"任何形式的探索，只要能识别……这两类事实 [移情和阻抗]，并将其作为工作的起点，就有权被称为精神–分析……"（ p.16）关于弗洛伊德这句简短的话，我会建议作出如下说明。或许精神分析不仅可以被看成包含对移情和阻抗的识别，还包含对生成移情和阻抗的主体间场域的本质的识别。需特别指出的是，正如上面所讨论的，我认为通过移情和阻抗现象所创建的分析性第三方主体，在分析阶段被赋予了象征意义。在分析师和被分析者的角色背景之下，这个主体间构造（分析性第三方）是在分析师和被分析者个人主体的辩证交互作用之下生成的。

既然躺椅是分析性框架的一个组成部分，那么如何界定其角色本质的问题就变成了在促进心灵状态成长的过程中，要如何对躺椅的作用进行概念化。因为在这一心灵状态中，分析师和被分析者可以生成、体验、阐述和利用主体间分析性第三方。运用关于分析性第三方的经验，包括在分析性对话中，为被分析者内部客体世界里那些迄今为止无法言说无法思索的部分创造出符号（主要但不局限于口头符号）。

弗洛伊德（1913）把"让病人躺在沙发上，而我坐在他视线无法触及的身后"（p.133），看作分析设置的两个必需且相关的元素；他说这是他"所坚持认为的"（p.134）。病人对躺椅的使用和分析师在病人的"视线之外"都能让弗洛伊德"沉浸在自己无意识思绪的漂流中"（p.134）。虽然他起初在介绍躺椅的作用时，是将它们作为一种能帮助病人"集中注意自我观察"的设计（Freud 1900, p.101），但在其（1911—1915）《技术性著作》中，他在讨论躺椅的用途时强调，躺椅的作用并不是为了促进病人自由联想。相反，在这些论文中，弗洛伊德的主要观点集中于运用躺椅如何为分析师提供一个私人空间，这也是让他能开展工作所必需的空间："当我在倾听病人时……我不能忍受被病人盯着看……"（1913, p.134）。这一说法常被看作对弗洛伊德某种个人特质，甚至对他本人心理病理某一方面表现形式的反映。我坚信这些解读都没能领悟到弗洛伊德所强调的，在分析设置中为分析师提供生成和利用其自身遐想的条件的重要性。弗洛伊德（1912）坚持认为分析师的任务是"只需要倾听"（p.112）。我相信这个"只需要倾听"的劝告是弗洛伊德对如下建议的高度浓缩：分析师需尽可能让自己成为病人无意识内容的无意识接收器，并且在组织他的经验时，尽量避免陷入意识层面（次级过程）努力的泥沼。

总结而言，弗洛伊德（1913）认为病人对躺椅的使用和分析师处于躺椅背后"视线之外"的私人空间位置均是支持性结构，即精神分析"框架"的关键成分。这种安排为分析师可能进入遐想状态提供了隐私条件，从而让他能"沉浸在自己无意识思绪的漂流中"（ p.134），也为让分析师成为被分析者无意识内容的接收器创造了条件。在此讨论中，未明确说出的部分是被分析者在使用躺椅时可能也有类似体验，没有被盯着看会让他更容易沉浸在自己（还有可能是分析师）无意识思绪的漂流中。

关于技术的一些评论

当我在分析最开始向病人介绍使用躺椅的想法时，我会向被分析者解释说，让病人躺在躺椅上而我坐在躺椅背后的椅子上是我个人的做法。接着我会继续解释，之所以这样做是因为我发现这种安排给我提供了一个私人空间，让我能体验和思考正在发生什么，以这种方式进行分析工作对我而言非常有必要。然后补充说，被分析者或许也会发现这种工作方式能允许他以一种不同于日常思考、感觉和体验身体感受的方式，去体验他个人的想法和情绪。通过强调我和被分析者均需要隐私空间，均需要一个用来思考和产生体验的心理空间（无论是字面意义还是隐喻意义的）的方式，来解释躺椅的作用，这实际上也向病人传达了我关于分析方式及我们双方互相重叠的角色的思考。

到目前为止，我一直没有明说的是，我认为让分析师和被分析者进入遐想状态所需要的那种环境是进行分析的必要条件。这可以与外科医生做手术时所要求的无菌环境相类比。因为不论是对分析师还是外科医生，如果工作所必需的环境背景不存在，那么他们的知识、训练和技能熟练度都会变得没有意义。遐想的产生和运用需要一些特定条件，而我也渐渐将使用躺椅视为能创造出这种条件的一个重要元素。但与此同时，病人使用躺椅（分析师坐在躺椅背后，处于病人的视线之外）只是一系列可以促成分析过程创立的因素之一。并且，病人使用躺椅这件事情并不能保证一定可以产生和有效运用分析过程 [参见戈登伯格（1995）有关病人使用躺椅有助于促成移情行为的讨论]。

　　本部分讨论了使用躺椅为遐想的展开创造了条件，但这并不是说，分析师应该（以说出或未说出的方式）坚持让每位接受分析的病人在任何时候都使用躺椅（ Fenichel 1941，Frank 1995，Jacobson 1995，Lichtenberg 1995）。在分析中的某些时期，病人会出现太过恐怖于使用躺椅以至无法忍受的情况。在这种情形下，如果分析师试图略过对病人焦虑的识别和分析而强迫其使用躺椅，只会起到反效果。分析师一方的这种行为很可能代表了一种见诸行动的反移情。

分析实务中躺椅的作用

　　前文已经讨论过，在分析中使用躺椅（包括分析师坐在躺椅背后，处于病人的视线之外）是分析性框架的一个部分，如此设计是为了让"遐想重叠的状态"成为可能，现在我将转向简要讨论分析实务中的另一个相关问题：对于一周会谈四次或更多次的病人，分析师应该限制躺椅的使用吗？要回答这个问题，我们需要回到如何界定分析过程的成分这一问题上。因为分析技术必须促进分析过程，那么这个问题就再次变为在分析中使用躺椅是否促进了分析过程的创立。换句话说，我们所理解的分析过程的本质是否与特定的会谈频次有关（例如，每周会谈四次或更多），或者，分析过程是不是由一种与会谈频率无关的心理－人际体验的特质来定义的？

为了开始考虑这些相互关联的问题，我将逐条说明我对分析过程本质的理解。这些观点最终将涉及会谈频次与躺椅使用之间的关系问题。

1.精神分析是一个心理－人际过程，需要分析师和被分析者共同（且非对称性地）生成一个分析性的无意识第三方主体。

2.对无意识（移情－反移情）经验的分析需要分析师和被分析者双方都接受退想状态，并以此来重新语境化（recontextualize）[更准确地说，是以新的方式语境化（contextualize）] 经验的无意识部分。

3.只有给分析师和被分析者提供有利于退想的私人空间，才能对（大部分的）无意识经验进行联想性结合和重新语境化。

4.病人使用躺椅（分析师坐在躺椅背后，处于其视线之外）为分析师和被分析者创造了条件，让他们各自拥有足够的私人空间以进入各自的退想状态里，并且这种状态拥有"重叠"的区域。["心理治疗是在两个游戏场域的重叠部分进行的，这两个游戏场域，一个来自病人，一个来自分析师"（Winnicott 1971a，p.38）。]

5.由此可见，病人对躺椅的使用（和分析师在其背后的私人空间）有助于促使分析师和被分析者进入"游戏空间"，即一个退想状态的重叠空间。这是阐述和分析无意识、主体间分析性第三方的必要条件（参见，Grotstein 1995）。

6.无论人们如何定义分析，其概念似乎都必定包含生成、体验无意识分析性第三方的努力和营造遐想状态的努力。这种遐想状态或许可以让分析师和被分析者感受到"共享"（但各自体验）的无意识构造的"漂流物"（Freud 1923a）。分析师最好不要以形式（包括会谈频次）去定义分析工作，而应该通过其实质去定义分析工作。这种实质涉及对移情–反移情（包括焦虑/防御）的分析，而这些移情–反移情现象会在体验和解释分析性第三方的过程中成形。

我的经验是，通常情况下，如果增加每周会谈的频次，那么分析师和被分析者产生重叠性遐想状态的能力会有所提高。在我看来，用一组损害其他有益于创立分析过程的条件集合[1]，来回应分析得以开展的另外一些条件集合的妥协[2]，这毫无意义[3]。尤其是，我很难理解以面对面的方式和病人一起工作背后的逻辑，因为有益于创建分析过程的条件已经被妥协了，而且这种妥协可能仅仅是因为一些限制使会谈频次在分析师看来不那么理想。因此，在某些特定情况下，除非有强有力的理由不使用躺椅，我所有的分析工作都会用到躺椅，无论每周和病人会谈的频次如何[4]。

1　不使用躺椅。——译者注

2　降低每周会谈频次。——译者注

3　作者是在说使用躺椅是分析性框架的必要构件，不可或缺；但没有说较高的会谈频次是分析性框架的必要构件。——译者注

4　我对服务于产生分析过程的分析技术的使用（例如，我运用遐想去理解我的移情–反移情经验并以此理解去解释所导致的移情–反移情焦虑），并不会因为我与病人每周会谈的次数而变动。例如，与一周会谈五六次的病人相比，我在跟一周会谈一两次的病人一起工作时并不会更多地依赖建议、规劝、宽慰等类似的方法。

重新铸造基本规则

　　虽然直到1912年，弗洛伊德才介绍了分析的"基本规则"，但在《梦的解析》（1900）中，这一概念一直是弗洛伊德分析技术的核心部分。在1913年，弗洛伊德就"精神分析中病人必须遵循的基本规则"（p.134）作了最完整的说明："这点在一开始就必须告诉他[被分析者]：'在你开始之前还有一件事。你跟我谈话在某一方面与普通谈话有所不同……你会忍不住对自己说，这些或那些与当前分析是无关的，或相当不重要的，或荒谬的，所以不需要说。'你绝不能屈服于这些评论，无论如何都要说——实际上，你还必须精确地说出来，*因为你在做这件事时感受到了厌恶……你想到了什么就说什么……*最后，不要忘了，你曾答应过会绝对真诚，也永远不要因为说出来可能会出于某些原因感到不愉快而遗漏任何东西'"（ pp.134-135 ）。

　　文献综述（ Lichtenberg & Galler 1987）表明"文献中很少有论文以……修订基本规则为主题，最多只是一些顺便的修订建议"（ p.52）。在对基本规则更完整的评论中，艾奇戈英（ Etchegoyen 1991）说："在某些特殊情况下，明智的做法是走一条不同寻常的道路，除这些特殊情况外，我们都不应违背[基本]规则"（ p.65）。

　　我将就基本规则的问题谈几点看法。在我看来，因为*所有的技术都必须能促进分析过程*，因此对"基本规则"作用的任何考量都必须先把技术的这一方面与我们对整个分析过程的思考联系在一起。从广义上来看，可以将精神分析描述成一种心理 – 人际过程，其目的是提升被分析者作为一个人葆有生机的能力。尽管许多分析师都对此概念作出了关键性的贡献，但温尼科特也许是现代精神分析概念的主要构建者。传统精神分析的中心任务（在地形模型语言中）是把无意识的东西意识化或（在结构模型语言中）是本我向自我的转化，而温尼科特将这一中心任务进行了扩展。在分析过程中，温尼科特（1971b）主要关注分析师和被分析者某项能力的发展，即能在现实和幻想之间的体验领域创造一个得以栖居的"寓所"的能力。

温尼科特所认为的精神分析过程，要求分析技术充分承认隐私与人际关系之间生成性张力的重要性："虽然身心健康的个体会去交流并享受这种交流，然而另一个事实也同样真切，即*每个人都是分离的，永远无法交流，永远未知，实际上，也无法相互寻觅到*……每个人的中心都有不愿被打扰的部分，这是神圣的，也是最值得保有的部分"（Winnicott 1963，p.187）。

基于人是什么这一概念，温尼科特对作为一种理论的精神分析作出了如下评论（尽管他的评论对分析技术的启示是显而易见的）："我们能够理解人们对精神分析的憎恨已经根植于他们的个性深处，精神分析对人类个体来说是一种威胁，威胁到了他们对隐秘孤独感的需要"。（p.187）稍后，他补充道："我们必须扪心自问，我们的技术是否允许病人向我们传达他/她不交流？"（p.188）。正是这个问题形成了我重新审视基本规则的背景。

在之前的文章里（Ogden 1989 a，b，1991 b），我已经讨论了一些个人观点，即个体孤立在保护个体免受持续性压力方面的作用，而这种压力是生活在不可预知的人类客体关系矩阵中所难以摆脱的（1991b）。我曾强调过以感觉为主导的["自闭－毗连位"（1989a，b）]这种维持生命体验形式的作用；这种体验形式创造了一种暂时悬置的关系，不论是将母亲/分析师作为客体还是将母亲/分析师作为环境。由于认可隐秘/个体孤独感在健康人类体验中的核心作用，我在分析实务中不会要求病人说出在其脑海中出现的每件事，不管这些事看起来多么"不合逻辑、令人尴尬、琐碎或似乎无关紧要"（Greenson 1971，p.102）。我也不认为用如下评论能足够"软化"基本规则："我明白，把想到的每件事都说出来是一件困难（或不可能）的事。"

相反，我的做法仅仅是在最初的会谈中做我该做的，从而邀请病人开始分析，以这种无须言明的方式向病人传达精神分析意味着什么（Ogden 1989b）。在第一次会谈开始的时候，我可能什么也不说，也可能会问病人"我们该从哪里开始？"我这么做是为了在初次会谈（以及之后的每一次会谈）中引导病人认识到分析性对话的实质（分析性对话以多种品质的结合为特征，这种结合是被分析者在其他任何地方都不会遇到的，因为它和其他任何形式的人类对话都不相同）。我试图用一种不宣称它是一种"技术"（即一种不会变化的预先规定的形式）的方式来做这件事。在当前的分析实务中，不论是对分析师还是对被分析者而言，"基本规则"正面临着成为一种冷酷禁令的危险。弗洛伊德（1913）在向被分析者介绍基本规则时会反复用到"必须"和"坚持"这两个词，而这种表述方式会让分析场景带有一种令人窒息的力量，从而让基本规则看上去是一种静态的、不容置喙的固定设置。

在我看来，敦促病人将脑海中所想的东西都说出来与生成分析过程的努力是背道而驰的。这样做的话，会与我对分析经验的设想相矛盾，因为分析经验的基础是分析师和被分析者遐想能力的辩证性互动（Ogden 1994a，d）。让病人知道自己可以自由地沉默与让他知道自己也可以自由地表达一样重要。让表达凌驾于沉默之上，暴露凌驾于隐私之上，沟通凌驾于不沟通之上，似乎与让正移情凌驾于负移情之上，感激凌驾于嫉妒之上，爱凌驾于恨之上，产生经验的抑郁模式凌驾于产生经验的偏执－分裂和自闭－毗连模式之上一样，都是反分析的（Ogden 1986，1988b）。

　　当这些辩证逻辑（例如，爱和恨、暴露和隐私，沟通和不沟通之间的辩证张力）向一个或另一个"方向"坍塌时（例如，过于强调暴露会导致将隐私和阻抗这两个概念等同起来），个体（或分析双方）就会踏入心理病理的区域。从这个角度看，心理病理包含了个体（或分析双方）在产生和保持这些辩证性张力的过程中，试图走向生机却遭遇各种形式的失败。之后，这些个体便去发展生机体验的冒充品，例如，倒错式愉悦、躁狂式兴奋、如果–那么结构等等。这一明确（或未明确）的理想化观点，体现了沟通与不沟通之间的辩证张力向暴露这一方向的坍塌。我相信，基于这种观点开始或建立分析事业的做法，代表了一种进入病理性分析关系的邀请。结果往往会导致医源性疾病，其中遐想能力瘫痪了或被迫隐藏，从而大大降低了真实分析过程发生的可能性。

　　在这里，我想提供一个简短的临床案例，用以说明隐私与沟通之间辩证性的坍塌将如何引起心理死寂的体验。

　　　　E博士向我咨询了他正在进行的一项分析，这项分析在他看来已经"停滞"好几年了。该分析师一直觉得被病人，J女士，压得喘不过气来，尽管他声称自己很喜欢她。分析师告诉我，他常常希望自己能把每周五次的会谈频率降低至每周两三次，或者干脆终止治疗。在接下来的咨询中，我请E博士出示了几次会谈的过程记录，包括关于他对病人反移情反应的详细说明。

　　　　E博士描述了病人如何用明显的内省式谈话来打发时间，而这些谈话"似乎毫无意义"。他告诉我他时常需要努力抵抗困意。E博士补充说，如果忽略了下面这个事实，那他对分析感受的描述将是不完整的：在与这个病人的治疗过程中，他有时会体验到痛苦的自我意识。E博士说J女士的批评总是犀利尖刻，如挑剔他的穿衣品位、微小的体重变化、举止、办公室装潢等等。病人常常以很抱歉的方式提出这些意见，并且常常以如下言论作为开场白："我担心如果我告诉你我现在的想法，会冒犯或伤害到你。"

在被分析者所报告的为数不多的梦境中，其中一个是她需要在一个公共浴场洗澡，却发现所有的隔间都没有浴帘。房间里有一扇不起眼的门，看起来像浴室的门。这扇门通向一间可爱的公寓，公寓里面装饰着病人最喜爱的颜色——深红色和褐色。J女士说她对这个梦没有什么看法。我和E博士则大胆地设想着，这个梦是否反映了一种痛苦的、迄今为止没能说出口的在移情–反移情中缺乏隐私的感受。这扇"不起眼"的门通向一个生活空间（在这里病人可以有隐私地活着）。那是一个反映她个人风格的地方。我说深红色和褐色似乎暗示着性活力是病人在梦中想象和经历的一部分，也许也是在移情中她所渴望的。

在讨论这个梦的过程中，我问E博士，他是否告诉过J女士其任务就是把自己想到的一切都说出来。他说在分析的一开始（7年前）就告诉过病人。但从那之后，他们二人都再未提起过这一指导语。

我向E博士提出了一种可能性，那就是他被J女士痛苦且入侵式地注视着并暴露于J女士面前的感受，可能反映的是病人被残忍地剥夺了内心世界的投射性体验。这个幻想的破坏性掠夺之所以发生，是因为分析师和被分析者都屈从于了一个想象的权威，即"基本规则"，以及它对E博士和病人而言所象征的一切。（当然，任何单一因素，如分析师要求病人说出所有心中所想，都是无法决定分析进程的。但在上述讨论的案例中，分析师基于基本规则所作出的指示是一种不断发展的主体间构造的表现形式，在这种构造中，分析师和被分析者都陷入了圈套。）

在接下来几个月的咨询中，这方面的移情–反移情得到了详尽的讨论。讨论的其中一个要素是，E 博士告诉我他在某种程度上已经把基本规则当作"给定"的了。因为当他被自己的分析师分析时，"基本规则"就已经是分析情境的主要组成部分。E 博士意识到因为自己对这部分的分析性互动没有反思过，所以他将自己在这部分分析中所体验到的怨恨见诸行动了，并且，在当前的分析中他怀疑自己被卷入了一场幻想中的报复性角色逆转（根据与 J 女士在会谈期间所发生的进一步遐想）。

E 博士最终告诉病人，近期在分析中所发生的事让他想起了 J 女士那个没有浴帘的公共浴室的梦。他将这个画面部分地与他对 J 女士提出的指导语联系在了一起。E 博士告诉病人，他希望自己所做的分析能给自己和病人都带来改变；而在过去的 7 年中有一个改变已经发生了，那就是 E 博士以前会要求病人说出其想到的每件事，现在他对这一想法的感受已经变了。浴室应该有浴帘，分析中也应该保留隐私空间。E 博士的话使病人大为宽慰。在之后的会谈里，J 女士说，他这样坦率地与她对话对她而言意义重大。E 博士告诉我，他以前从没发现 J 女士可以如此直接且动情地向他表达感激之情。

重新审视基本规则

如果要评论被分析者在沟通与不沟通的分析情境中所起到的作用，我会从这样一个概念出发：沟通和隐私最好被视为人类体验的两个维度，二者都能创造和保持个体及分析经验的生命力与"真实感"（Winnicott 1963，p.184）。以下内容可以作为对被分析者的一个简短评述："我把我们的会谈看作一个你可以畅所欲言的时间，任何时候只要你想说你都可以说，这时我会用我的方式回应你。同时，我们二人都应该为自己保留一个私人空间。"这是个冗长且相当笨拙的声明，我都不确定我是否曾经确实以这种方式对被分析者说过。这个声明在我听来有些生硬，我认为部分原因在于这是一个假想的评论，缺乏特定人际互动的个人化背景。尽管如此，它还是抓住了我常对自己说的话的精髓，以及当特定情境出现时，我与病人谈话内容的精髓。[1]

以下情况并不少见：部分被分析者要么了解过"基本规则"，要么为自己设计了一个版本（例如，根据其与父母相处时的经验，觉得自己被要求"和盘托出"），又或者通过先前一个或多个分析经历"学习到了"这种基本规则。在这种情况下，我认为和病人讨论他们自己对与自由联想有关的"分析规则"的概念是很重要的。例如，有关什么该说、什么不该说、什么必须公开、什么"被允许"保持私密的规则。有几位病人告诉我，基于他们先前的分析经验，他们认为，正是因为"什么都得说的这个规定"，所有的分析最终都会演变成两种对话，一种是口头说出的，

---

1 有关被分析者的作用的这一看法，与阿特曼（Altman 1976）和吉尔（由艾皮斯坦1976年报告的个人通信）对他们自己版本的基本规则所作的短评存在重叠。阿特曼（1976）建议，在与病人交谈时，要向被分析者传达这样一种信息，即被分析者"有权说任何话"（p.59）。吉尔（由艾皮斯坦1976年报告的个人通信）建议对被分析者说，"你想说什么就说什么"（p.54）。这两种表述均与我的想法重叠，尽管与我相比，他们并不那么重视隐私在分析经验中的中心作用。

一种是私密无声的。在这些讨论的最后，我总会澄清自己的观点，那就是精神分析不需要被分析者说出所有心中所想。无论是被分析者还是我，都必须总是能自由地与自己对话（不管是以语言形式还是身体感官形式），同样也能自由地与对方对话。

在我所进行或督导的分析中，还没有出现过一个同等重视隐私与沟通的分析空间会导致分析出现僵局的情况。例如，沉默成了一种不可分析的阻抗形式这种分析僵局。当长时间的防御性沉默发生时，我发现这是一种很重要的信号，提示我们要承认并解释病人对隐私的需求及他想通过沉默进行移情沟通的需求（Coltart 1991）。[通过沉默进行的移情沟通，通常是一种"整体情境"移情形式（Joseph 1985）。]

有关被分析者只需要说他想说的话和他将隐私视为"神圣的"（Winnicott 1963）等这些观点，被证实会随着一场分析的深入而变得比它第一次出现时更复杂，因为被分析者并不总是清楚他想说什么，甚至也不清楚"自己"是谁。被分析者发现第一人称单数实际上是复数：存在很多的"我（I's）"。毕竟，当病人想说某些事时，"他"（他自我体验的另一方面）发现"他"无法让自己说出这些"他"想说的话，而且存在一些事情是他想说的，但并不知道它们是什么的情况。（参见，Ogden 1992a，b对精神分析的辩证性构成/去中心主体的讨论）。在一场分析中，能让被分析者分清和理解其自我不同部分之间的关系也是一个很重要的进展，比如，区分和理解他不想说什么（因为他暂时希望"保密"）和他感觉无法说什么，并希望分析师能帮助他找到一种方法把想说的内容用语言表达出来。当一场分析在分析师声明了基本规则的庇护下进行时，当病人部分防御性地使用基本规则时，那些自我经验不同方面之间的冲突通常会处在无法被识别的状态，从而也无法被分析。这种僵局可能表现为病人的一种无意识幻想，即分析师要求他们屈从于一种"心灵层面的脏器摘除术"。只要分析师一直不加反省地强推这种实际的经验语境，即被分析者一直被"说出所有心中所想"这一期望／要求所支配，那么构成这种幻想的无意识客体关系就会一直无法被分析。

分析师的角色与基本规则

弗洛伊德（1923a）认为，有关自由联想的基本规则在分析师这方存在着它的对应物，即分析师让自己"处于一种均衡的注意力悬置状态，沉浸在自己的无意识精神活动中"的这一努力（p.239）。分析师试图"尽可能地避免反思和有意识预期的结构，［并试图］不去修复他听到的任何事，特别是在他记忆中的事，并通过这种方法，用他自己的无意识来捕获病人无意识思绪的漂流物"（p.239）。分析师的"解释工作［是］不会受到严格的规则约束的，而是会给医生的机智和技巧［留下］很大的发挥空间"（p.239）。"或者用技术性的话来说：'他［分析师］应该只去倾听，而不必因脑中有所想而困扰'。"（1912，p.112）

弗洛伊德在描述分析师的"工作"时，并不强调分析师看见或揭示每件事（甚至是向他自己揭示这些事），而是强调分析师为一种特定的心灵感受性和心灵"游戏"创造条件。弗洛伊德希望分析师尝试用自己的无意识来与病人的无意识产生共鸣。分析师"只去倾听"，尝试着"不做修改"（不做过多的记忆或理解），而是"仅仅"用自己的无意识感受性去感受、去"捕捉"病人无意识体验中的"漂流物"。在我看来，弗洛伊德在此描述的"只去倾听"这一心理状态，与比昂（Bion 1962a）所指的

"遐想"是一样的，即没有"记忆和欲望"（Bion 1967）的状态。

　　虽然分析师用自己的无意识感受性去感受被分析者的无意识状态，被描述成分析师给予了自己"同等注意力"（即根据基本规则的要求，对病人所提要求的对应物）（Freud 1912，p.112），但努力进入"一种均衡的注意力悬置"状态，似乎并不能与让病人说出所有心中所想这一要求（Freud 1912，p.111）所需的"同等注意力"相提并论。如果对病人（或更好的表述是分配给病人的角色）提出的这一"要求"，在本质上与弗洛伊德所设想的分析师在创造一种均衡的注意力悬置状态的过程中所扮演的角色互补的话，我相信分析双方都可以更轻松地进入由分析产生的相互关系中；在这种关系中，分析师和被分析者都可以感受或理解到在分析中产生的无意识结构的"漂流物"。在这些条件下，分析师和被分析者各自都处于这样一种状态："像接收器一样将自己的无意识朝向对方传输中的无意识的转变"（Freud 1912，p.115），也朝向这个由双方共同但非对称地创建的"分析性第三方"的那些无意识构造物的转变。

第 5 章

梦的自由联想

　　基于上一章有关使用躺椅和"基本规则"的讨论，我将以分析性技术必须服务于分析过程这一思想为出发点来思索梦的解析。我将分析过程视为分析师和被分析者有意识和无意识状态下"遐想"之间的相互影响（Bion 1962a，b），进而促使第三方分析主体的出现（"主体间分析性第三方"）（Ogden 1994a，d）。此外，分析技术在守卫分析师和被分析者隐私方面的作用，与分析技术在为分析师与被分析者之间有意识及无意识的交流创造条件方面的作用一样，对促进分析过程都至关重要。从这一概念来看分析过程，我将在本章从多个方面重新思考与梦的解析有关的分析技术。

　　自弗洛伊德（1990）开始分析他本人的梦境，近一个世纪以来，精神分析师们都普遍认为，在分析过程中对所呈现梦的分析性理解，一定是由病人对其梦境所产生的联想和连接的网络系统所塑造的（可参见以下案例，Altam 1975，Bonime 1962，Etchegoyen 1991，French and Fromn 1964，Garma 1966，Gray 1992，Rangell 1987，Segal 1991，and Sharpe 1937）。梦，尤其是梦的潜在内容，被看作病人的无意识构造物，而分析师的角色被比拟为熟练的产科医生，他们会尽可能小心翼翼地和无创伤地接生婴儿（Lustman 1969，个人通信）。分析师需要给病人空间，使他能尽可能对自己的梦境展开自由联想。如果缺少了病人的联想，分析师就只能处在解释梦显性内容的位置上，从而只能进行表面（并且可能很大程度上是不准确的）的解释（Altam 1975，Garma 1966，Greenson 1967，Sharpe 1937）。考虑到病人自己对梦进行自由联想的重要性，大家普遍认为分析师不应该"过早"给出他对梦进行联想而作出的解释，因为这样可能会干扰病人的自由联想过程。如果病人没有给出自己的联想，那么分析师的中心任务就变成了探索病人无意识的焦虑／阻抗，以提供有助于理解和解释病人梦境（包括其移情意义）的联想性联结（associational linkages）（Gray 1994）。

　　如果分析师在缺乏病人自由联想（也没有探究病人对梦进行自由联想

的焦虑）的情况下，为病人的梦境提供了一个解释，会被很多（如果不是大多数）分析师视为一种"野蛮分析"。毕竟在这种情况下，分析师只简单提供了他自己的联想而已。如果分析师想要避免"野蛮分析"，那么分析实务的焦点就必须集中于病人的无意识，而非分析师的无意识。

　　到目前为止，我提出的是有关梦的分析技术原理所"普遍持有"的观点，至少对我而言，是理解梦的解析的一个基本且不可或缺的成分。然而，近几年来，对这一观点进行补充显得越来越重要，那就是应该在主体间分析性事件的背景中进行梦的解析。接下来，我将试着探讨以下观点：在分析过程中所做的梦，描绘了主体间分析性第三方的显性内容。从此视角出发，我将从多个方面对梦的解析技术提出一些修正的观点。

　　从主体间分析性第三方的立场来看，通常梦的分析问题，尤其是对梦的自由联想的处理，变得比以前所普遍认为的观点要更加有趣、更加复杂。[1] 有人可能会问，分析师对病人的梦进行有意识的回应，那么病人对梦的自由联想是否应该像过去那样不言而喻地具有优先地位。当我们说病人的梦是"他的"梦时，我们的意思是否还与 10 年或 20 年前一样？或许更为准确的说法是，病人的梦产生于分析（兼带着它自身历史）的背景之中，这个分析背景由分析师、被分析者和分析性第三方的相互作用组成，因此梦不能被仅仅看作"病人的梦"。换句话说，将病人视作他自己梦的造梦者是否还有意义，或者是否总是存在着几个处于辩证性张力中的分析性主体（造梦者），每一主体都作用于所有分析性构造物，甚

　　1　艾萨克为（1938）和勒温（1950）在探索分析师运用自己的意识作为一种"分析性工具"（Isakower 1963）方面是先驱者，尤其是运用这一功能来理解病人的梦境和其他与睡眠相关现象的无意识含义方面。

至在看似私人（即看上去是个体无意识活动的产物）的梦或一组梦的自由联想这类精神事件中也会如此？[1]

从本书及先前出版物（Ogden 1992a，b，1994a，b，c）所提出的观点来看，可以说，当病人进入分析时，他在某种意义上就（在创造他自身心智的过程中）"失去了心智"。换句话说，他赖以思考、感受、身体体验和生发梦境的心灵空间，已经不再完全符合他在生命中的那个时刻所经历的"自己的心智"了。从最初的分析会谈开始，被分析者的个人心理空间（包括他的"梦域"）与分析性空间日渐趋同，并难以区分。当病人进入分析时，被分析者的心智体验［他的心理生活轨迹，和在一定程度上"他的生活处所"（Winnicott 1971c) 以及梦］越来越（在感觉上）"定位于"分析师和被分析者之间的空间中（Ogden 1992b）。

这是一个"感受的地方"，绝不局限于分析师的咨询室。在某种意义上，它是一种由两个人创造的精神（更准确地说，一种灵魂实体），但也是每个个体各自的精神/身体。［借用罗伯特·邓肯（Robert Duncan 1960）诗中的句子，那个地方"不属于我，而是一个人造的空间/也属于我，它如此靠近我的心"。］

由于分析师和被分析者共同生成了第三方主体，就不能再把被分析者的做梦体验完全描绘成只产生于他自己的心智空间。在分析过程中所创造的梦是在"分析性梦域"里升起的梦，并且也因此可以被认为是分析

1　格罗特斯坦（1979）和桑德勒（1976）曾讨论过，在做梦和理解梦的过程中，人格系统的多个无意识内在心理层面之间的相互作用。然而，他们没有关注梦的主体间性维度，而这一点正是我们当前讨论的焦点。布莱奇纳（Blechner 1995）曾讨论过，分析师会利用病人的梦来理解分析师本人的无意识焦虑，进而再用这一理解来增进对移情的理解。

性第三方的梦。再次申明，我们对"这个梦是被分析者的、分析师的还是分析性第三方的？"这一问题绝不能限定只有唯一的答案。这三者彼此之间必须保持在一种悬而未决的张力之中。

在分析过程中所做的梦，作为一种在（主体间）分析性梦域中所产生的体验，可以被设想成是由分析师的无意识与被分析者的无意识相互作用而产生的"联合构造物"（在第2章和第4章所描述的非对称意义上）。由于分析师对梦体验的自由联想存在也来自分析性第三方体验，所以分析师的自由联想与病人有关梦的自由联想一样，都是分析性意义的重要来源。[1]

在接下来简短的临床片段中，我将试着讨论有关病人的梦被分析双方视为产生于主体间分析性梦域的分析性体验。

G先生40岁出头，是个相当分裂的人，在我这里分析了将近8年。这位病人的阅读范围非常广，包括精神分析类著作。G先生通过一个梦开启了这个阶段的咨询。他告诉我，这个梦让他在半夜惊醒了。在醒来后，他感到一阵心惊肉跳。梦里，他的母亲与其当下的实际年龄相仿（70岁出头），而且怀孕了。病人的母亲和姐姐都煞有介事，表现得好像所发生的一切都很正常。她们的行为举止过于奇异，

---

1 正如被分析者在分析性梦域背景中产生的梦一样，分析师的梦也应被视为分析性意义的重要来源，因为它们与分析中某一特定时刻主要的移情–反移情焦虑有关（Peita 1996，Whitman 1969，Winnicott 1947，Zweibel 1985）。我发现，分析师能在分析的一小时中回想起他的梦，这一点尤其重要（无论病人是否在梦的显性内容中出现）。探索或用临床案例阐述在移情–反移情分析中，分析师关于自己的梦的使用，这超出了本文的讨论范围。

以至于就算在梦里也让人觉得这种情况不真实。病人的母亲和姐姐一直在忙碌且兴奋地做着与怀孕和即将到来的新生命有关的每日实用性计划。病人在梦里感到很震惊，并愤怒地告诉他的母亲和姐姐自己不敢相信母亲做了一件多么愚蠢的事情，更不能理解她俩怎么会对此事感到如此高兴。他告诉我，在梦里他非常痛苦、非常沮丧，因为他找不到任何一句能影响自己母亲的话。

当 G 先生向我讲述他的梦时，我猜测这是当他得知母亲怀了弟弟时的体验的当前版本，很明显在描述的过程中，他感受到了令人痛苦的孤独。在病人 14 个月大时，他弟弟出生了。因此，他在母亲怀孕时，实际上还说不了话（一个婴儿）。我猜想，在这个出乎意料的事件上，父亲和母亲的"秘密"联盟使他感到愤怒，而母亲对怀孕、生育和婴儿期弟弟的激动与专注更加重了对病人的伤害。这么重要的事情，他们甚至都没和他商量过！我在内心推测，G 先生的父亲被逐出这个梦的显性内容并被他的姐姐所代替，是为了以此减轻承认代际差异和父母间的性行为所带来的自恋刺痛。

病人似乎能在梦中表露情感，这种方式很不符合这位极度克制的男人，因为他几乎无法体会自己的感情。然而，在前几个月的分析过程中，病人第一次开始对我的存在感到温暖和信任，也开始能够谈论自己的感觉，尽管是以一种极具试探性和隐晦的方式。在 G 先生讲述这个梦的时候，我体验了许多想法与情绪，其中包含一种超脱感［反映在我在心里把这个梦"翻译"成了早期发展的抽象理论术语（如代际差异）］和一点点的厌倦。同样，我对自己也感到失望，因为这个梦显然对 G 先生很重要，对他来说也是一种崭新的体验（以一种毫不掩饰的方式，表露出一种强烈的、孩童般的愤怒、排斥和无助感），对这个梦我却并没有感到非常触动。我突然想到，也许是我从事分析工作的时间太久，已经有些腻烦了。我开始强迫自己在内心回顾多年来一直在各地从事分析实务的岁月，然后发现在现在的办公室里，我已经工作超过了 15 年。环顾自己的咨询室，我被环境中的沉重感吓到——维多利亚时期笨拙的造型（其中的细节我已审视多年）、异常缺乏想象力的壁炉罩、巨大的木制百叶窗，上面的板条被过多的油漆粘住。几年来，我曾多次想搬办公室，但每每产生这个念头我都感觉身体疲惫。

G 先生曾好几次跟我说他为他弟弟感到难过，因为他觉得他弟弟从未在家里有过一席之地。然而，只有在我保持了"最好"的中立态度之后，G 先生才不得不向我坦诚（他带有强烈俄狄浦斯情结的梦是一个完美的例子），然后我才充分感受到它给我带来的冲击：G 先生在梦中的抗议是多么的激烈、无法言说、无力和徒劳！他的抗议不仅是一位哥哥的抗议，也是对他必须与一个新生儿分享母亲这件事表示抗议。他的弟弟是由父母的性结合、成熟的情感和性联盟所诞生的，然而在这个过程中，他竟然被排除在外，毫无发言权，他对这一点也表示抗议。

现在看来，最鲜活直观的是 G 先生对他母亲的冷漠（以及我的冷漠）表示抗议。我们在各自角色的阶段性变化中（我作为分析师，她母亲作为妈妈）表现出了毫无生气、木讷、迟钝、僵硬的感觉，而他要对此表示抗争，我们对他的抗争显得漠不关心。

我对 G 先生说，他描述自己在梦里无法让别人听到自己的声音，让我很想知道他是否觉得我在今天或最近的会谈中表现得太过迟钝。（如果我对病人的反应有更具体的感觉，甚至是推测，我会把它写进来。）

G 先生毫不迟疑地说："没发生什么不寻常的事，在我看来你一直如此。"我说，虽然他很看重我的稳重，但他似乎也在用"一直如此"这句话暗示，他觉得我们之间有些东西在停滞不前。G 先生说，尽管他没有打算在（10 天后他即将开始为期一周的夏季公假）回来之前和我谈这个，但是他其实想在今年年底结束这场分析。我有一种强烈的冲动想召集一场辩论（伪装成解释），用来劝阻他不要把这个我没有发言权的想法 / 计划付诸实际。我突然想到，G 先生成了怀孕的那个，他怀抱着一个自己不想再进行分析工作的秘密，而我则成了那个无声的小孩。然而在我看来，这个想法有些公式化，而且它还掩盖了一种尴尬的感觉，这种感觉与我的冲动有关，即我想给出一种虚伪的解释从而试图牢牢抓住 G 先生。这个幻想中哀怨又虚伪的解释让我想起了这周早些时候我与一位承包商的谈话。我认识这位承包商好多年，而且我把他当作朋友。在那次与这位承包商朋友的会谈中，我感到无法理解他的心理状态。有好几个星期，他都多次无法兑现他对我所作的有关工作方面的承诺。我有一种奇怪的感觉，那就是他的话与它们本身之外的任何事物都是断开的，由此我开始怀疑我是否真的了解他。当我在心中反复思考我们最近的对话时，我变得越来越焦虑不安。

对退想中这些情绪的觉察让我怀疑，G 先生是害怕失去他已经开始感受到的与我之间的联系，也害怕我们之间的一切会在他回来之后变得不一样。我现在觉得，G 先生在心里准备好离开我（同时也把自己的无助投射给我）是为了让自己免受这种意外的打击（以及意识到自己的害怕）。

我对 G 先生说，我今天在倾听他说话时有一种越来越强烈的感觉，那就是他担心有些事情会在他离开期间发生，从而导致他度假回来后发现我变得他不认识了。我告诉他，我不知道他是否在担心，当他回来时，他会觉得我像他梦里的母亲一样，在他看来是不真实的。[我想到他母亲假装试图听他说话（反映在他梦中所感受到的不真实里），以及我那幻想中的虚假的解释和焦虑感，这种焦虑感与我遐想中的关于我和承包商朋友之间的友情的真实性的疑虑和不确定有关。]

G先生沉默了大概一分钟，然后告诉我他觉得我说得对。他补充道，他既为如此的孩子气感到惭愧，又对我就像看上去的那样理解他感到开心。他的声音里有温暖也有距离感。令我震惊的是，就在G先生告诉我他很感激我对他的理解时，他还在（用"看上去"这样的字眼）表达他持续性的焦虑，他担心我会变成一个表里不一的人。在病人休假前的后续会谈中，我和G先生有可能进一步讨论他的担忧，他担心他刚体验到的与我之间的亲密，会在他离开时消失得无影无踪，然后在他回来时，他需要面对一个他不了解也不了解他的咨询师。

在这篇简短的临床报告里，我尝试提供一种主体间的流动感，它发生于一段分析工作中，涉及一个梦及与这个梦有关的自由联想。我的遐想从我在心里对病人的梦所给出的分离抽象甚至稍显机械的"解释"开始，同时伴随着我的厌倦情绪。对G先生而言，这个梦看上去是如此充满激情且新颖，我却感觉如此漠然，这让我对自己很失望。我认为不可能以任何明确的方式说出G先生的梦何时停止，而我的遐想又是何时开始的。

我最初的自由联想与他的梦及我的遐想有关（包括咨询室的沉闷感、我自己躯体上的"呆滞"及精神上的固着）。在病人看来，我密不透风，而我的自由联想/遐想成为病人有关这一部分体验的重要依据。这个解释出现在G先生正式给出他自己的自由联想之前，而且我并不觉得在抢占他的先机，也不觉得我把他引向了一个只反映我的心理而与他的心理截然不同的方向。最初，在我作出解释的时候，我只是模糊地感受到了主要的移情－反移情焦虑。然而，正是这个不完整的解释能让病人间接地（无意识地）告诉我更多有关他认为我迟钝的部分："在我看来你一直如此。"我还是能够部分地感受到他说我"一直如此"中所包含的愤怒，从而能让他继续倾诉自己想在今年年底结束咨询的想法。我意识到自己想为病人提供一个虚假解释（反映在我想紧紧抓住病人的愿望中）的幻想／冲动，并对此感到尴尬，以及对承包商朋友的友谊真实性感到焦虑的遐想，在此基础之上，我能够给出一个更全面的解释。在这个解释中，我提出了我所理解的主要的无意识移情－反移情焦虑：病人害怕在他回来时发现，他觉得他认识的那个我会消失，接着会有一个看起来像我但又感觉不是我的人取代我的位置。

　　以上呈现的临床片段不仅表明我努力去阐明在分析中对梦进行分析的方法，同样重要的是，它还表明了我试图在分析性设置里传递一种构成生机体验的流动感。在我看来，梦与遐想之间、遐想与解释之间、解释与分析性第三方体验之间的生成式运动，是分析经验的生机感所特有的核心。

对梦的解析技术的若干思考

基于我所描述的观点，我越来越倾向于不去"等待"[1]病人的自由联想，而直接以提供解释或提问的方式对被分析者所呈现的梦作出回应。我发现在事后自己很难在脑海中重建到底是病人还是我首先对梦作出了回应。然而，我也发现，通常我不会急于对病人的梦作出回应，这样一来，如果病人愿意的话，我能给他时间表达自己的看法。在没有分析师干扰的情况下，如果病人一直没有时间对自己的梦作出反应，可能就会引起一种移情 – 反移情的设定形式，在其中病人向分析师"提供梦"，分析师吸收消化梦，然后以解释的形式将自己的这种自恋发明返还给病人。

在自己及一些我督导过的治疗师和分析师的工作中，我发现只有当分析师和被分析者从优先让病人对梦进行自由联想这样惯常的实务方式中解脱出来（或更精确地说，让自己以及彼此解脱出来），并把梦当作产生于主体间分析性梦域中的心理事件时，分析性对话里的自发性和生成性思维才更有可能发生。只有当梦被看作分析性梦域的产物时，分析师和被分析者才能在自己的遐想和"纯粹的倾听"体验中自由地接纳分析性第三方的无意识漂流。

在总结有关梦与分析性第三方之间关系的这部分讨论之前，我想简

1　对梦和梦的自由联想来说，重要的是要记住它们的非时序本质（Freud 1897，1915，1920，1923b）。如果分析师聚焦于病人说梦之后所进行的自由联想事件上，他可能会忽视病人已经与梦进行联结的方式，例如，病人在候诊室里看见分析师时的面部表情，或者，病人在说梦时所出现的躯体感受或身体运动（Boyer 1988）。

要谈谈不*理解*梦的重要性。做梦（或"梦的生活"）是人类经验的一种特殊形式，它既不能被翻译成线性的、口头符号化的叙述，又不能脱离梦经验本身所制造的*效果*，毕竟梦的体验与梦的意义是不同的（参见 Khan 1976，Pantalis 1977）。由于这个原因，我认为，在分析性设置中，将（分析师和被分析者的）遐想当成一种主要的心理（和身心）媒介来对梦的体验进行加工，这样的做法看来非常合适。在分析师和被分析者的遐想中，有时无意识接受能力所涉及的"联想功绩"（Robert Frost，引自 Pritchard 1991，p.9）可能发生在梦境中，而不发生在用来解构、"翻译"（Freud 1913）、理解或解释梦的思维过程中。"梦本身无法解释"（Khan 1976，p.47）。把遐想作为一种主要的在分析性设置里"携带"梦经验的方式或模型，分析师和被分析者就能够允许初级[1]过程（primary process）和无意识的"漂流物"（与解码后的信息相对立）作为媒介，借此媒介在分析性空间中体验梦 – 生活，也可以让这些初级过程成为进行梦的解析背景当中的一个重要组成部分。

结　语

　　回到起点，正如人们不可避免地会在分析性思维与实践中所做的那样：分析技术必须服务于分析过程。我认为，分析过程的核心涉及分析

1　或原始。——译者注

师和被分析者遐想状态的辩证性交互，从而促使第三方分析性主体的创立。通过分析师和被分析者对分析性第三方的（非对称性）体验，才能理解（乃至）用语言符号表达被分析者无意识内部客体世界的"漂流物"。创造和体验分析性第三方的决定性媒介是分析双方的遐想状态，而保持一定的隐私［空间］是分析双方进入遐想状态的必要条件，因此需要分析技术来保驾护航。分析技术在保护分析师和被分析者的隐私方面所起的作用，与其在为分析师和被分析者之间有意识和无意识的交流创造和保持条件方面所起的作用一样，对促进分析过程都至关重要。从这样理解分析过程的角度来看，在本章和上一章中，我都在试图从多个方面重构分析技术和实务，其中包括了躺椅的使用、"基本规则"和梦的解析。

第 6 章

遐想与解释

经验永不受限，也永不完整；它是无边的感受，是由最柔软的丝线织成的巨大丝网，悬浮于意识之屋中，捕捉着纤细丝网上的每一粒微尘。它是心灵的空气；当心灵充满想象时……它为自己带来了最微弱的生命迹象……

亨利·詹姆斯，1884

在允许精神分析的语言和思想有一定的"贬值"方面，尤其是对遐想而言，我认为我们做得很好（Bion 1962a，b）。在本章，我不打算给遐想下定义，而是想讨论我在尝试运用自己的遐想状态去促进分析过程的一些个人经验。通过这种方式，我想传达我所说的在分析设置中的遐想体验是什么意思，以及我是如何利用分析师和被分析者的"遐想重叠状态"的。

我们几乎很难不去轻视遐想，因为它是一种最平凡又最个人化的体验。这些体验形式，尤其在遐想体验向语言符号化迈进的初期（大部分时间我们都处在这一过程的初期），是日常生活的一部分，是在作为一个人活着的过程中所产生的日常问题。遐想"源于生命及这些生命所栖息的世界里……（它们关乎）人：人们工作、思考、爱恋、小憩……（关乎）世界的习性，它是怪异的平凡，是平凡的怪异……（Jarrell 1953，p.68，谈论弗罗斯特的诗歌）"。它们是我们的沉思、白日梦、幻想、身体感受、转瞬即逝的想法、半梦半醒间的画面（Frayn 1987）和脑海中掠过的曲调（Boyer 1992）和乐章（Flannery 1979）等等。

我认为遐想既是个人 / 私人事件，也是主体间事件。与分析师其他极具个人情感的体验一样，分析师很少直接向被分析者讲述自己的体验，而是从他本人当下的想法与感受出发，尝试向被分析者说些什么。也就是说，他向病人传递的是他与病人在一起时他所觉察的情感体验及其来源。

作为分析师，我们要求自己尝试在分析设置中使用自己的遐想体验，这绝不是一件小事。遐想是一种微妙的私人体验，涉及我们生活中最令人尴尬（但都很重要）的日常。在同行之间，我们很少讨论构成遐想的想法与感受。当想要试图抓住意识中的这些想法、情绪和感受时，我们需要放弃一种通常在无意识里我们会去依赖的隐私。这种隐私就如同屏障，可以隔开内与外、公与私[1]。在分析中，当我们努力地使用自己的遐想时，自然生发（unselfconcious）的主体"我（I）"转变成了分析中被反复审查的客体"我（me）"。

矛盾的是，尽管分析师认为他的遐想具有个人性和隐私性，但是将分析师的遐想视为"他的"个人创造物就会具有误导性，因为遐想同时也是一个由分析师和被分析者共同（但不对称地）创造出来的无意识主体间构造物，我将这个构造物称为"主体间分析性第三方"（Ogden 1994 a，b，c，d）。我根据分析性互动的辩证观点，将遐想概念化为既是个人的心理事件，也是无意识主体间的构造物。这种辩证观点认为，分析师和被分析者共同参与并促成了无意识主体间性。现在解释并拓展温尼科特（1960）的说法：脱离了分析师，也就不存在被分析者（即分析中的双方是相对而言的）；同时，分析师和被分析者又各自独立，拥有属于他们自己的心智、身体和历史等等。这个悖论需要"被我们接纳、忍耐和尊重……而不需要解决"（Winnicott 1971d，p.xii）。

在某种程度上，比起分析师或被分析者的梦，分析师的遐想更难被运用在分析中，因为遐想并不被睡眠或清醒所"框定"。通常，我们能把梦和其他心理事件区分开，因为梦这种体验发生在我们睡去和醒来之间。另外，遐想可以天衣无缝地融入其他精神状态。它没有清晰可区分的起点和终点，例如，很难将它与在它之前或之后发生的获得更多关注的次级思维过程区分开来。

1　注意中文语境的公与私有其特别含义，不仅指个人的隐私，还具有更广泛的含义。具体参考：郭齐勇，陈乔见，2009. 孔孟儒家的公私观与公共事务伦理[J]. 中国社会科学（1）：57-64.——译者注

遐想体验很少（如果有的话）能被以一对一的形式"翻译"成对当前分析关系中正在发生的事的理解。试图对分析师遐想中的情感或思想内容进行即刻的解释，通常会导致肤浅的解释，在这种解释里，显性内容与隐性内容可互相置换。

在使用自己的遐想时，分析师需要容忍意识漂流的体验。事实是，遐想的"洪流"能将分析师带到任何对分析过程有价值的地方。通常，这是一个回溯性的发现，并且常常在意料之外。不能匆忙结束意识漂流状态。在结束会谈时，分析师必须能够让本次分析会谈有一种暂停的感觉，最好就像句子中的逗号那样。分析性活动更好的方式是"闲散地靠近"（Coltart 1986，借用叶芝的诗歌），而非"迅速抵达"。在处理遐想的过程中，这样的活动方式显得尤其重要。任何一个遐想或一组遐想都不应该被高估，以为是通往主要无意识移情-反移情焦虑的"康庄大道"。必须允许遐想渐次产生意义，而分析师或被分析者不会感到有立即运用它们的压力。无论情况多么紧急，分析双方都能（至少在一定程度上能）保持一种他们"有时间可浪费"的感受，这非常重要。没有必要去计算他们一起度过的每节会谈、每个星期或每个月的"价值"。符号化过程（部分是语言符号）经常在一个人有耐心且不那么强求的情况下随着时间的推移而向前发展（参见，Green 1987 和 Lebovici 1987，关于遐想和语言符号关系的讨论）。强求的符号化过程，因其理智化、公式化和造作的特征，几乎总是很容易辨别。

任何遐想都不应该被简单地当成分析师"自己的东西"而不予理会，即认为遐想仅仅反映了他个人未解决的冲突、有关当前生活事件的苦恼（无论那些事情多么真实和重要）、疲劳状态和沉浸于自己世界的倾向等等。分析师生活中的重要事件，例如，他孩子的慢性疾病，会在他与每一个病人相处的体验中得到完全不同的情境意义，从而在每一次分析中变成毫不相同的"分析性客体"（Bion 1962a, Green 1975）。例如，在分析师与甲病人坐在一起时，他可能会因为自己无法减轻孩子正在经历的痛苦而感到强烈的无助感；而在与乙病人（或是与甲病人在同一个小时内的不同时刻）相处时，分析师可能会满心嫉妒拥有健康孩子的朋友们；而在他与丙病人相处时，分析师可能会因为想到失去孩子以后的生活情境而陷入极度悲痛。

在遐想中的情绪余波或情绪唤起通常不明显且难以表达，这带给分析师的，与其说是一种达成共识的感觉，不如说是一种难以捉摸的不安定感。我相信，由遐想产生的情绪失调（emotional disequilibrium）是体验中最重要的元素之一。据此，分析师可以了解在分析关系的无意识层面正在发生什么。遐想是我极为倚重的情绪指南针（但不能清晰地读取），以便在分析性情境中获得我的方位[1]。矛盾的是，于我而言，尽管遐想对于我作为分析师的能力至关重要，但与此同时，在那一刻又会觉得这个维度的分析经验最不值得被审查分析。与遐想有关的情绪波动，大部分（如果不是全部）会让人觉得在那一特定时刻分析师不在其位置上。分析师体验的这一维度通常会感觉像是对他没能做到接纳、理解、同情、敏锐观察、体贴、努力、聪明等的证明。相反，分析师常常会觉得这些与遐想有关的情绪困扰之所以产生，是因为他自己干扰当前的关注焦点、过度自恋的自我关注、不成熟、缺乏经验、疲劳、训练不足和未解决的情绪冲突等。很容易理解分析师在运用自己的遐想去服务于分析过程时所遭遇的艰辛，因为这类体验常常如此靠近，如此直接，以至于

---

1 这话的意思指遐想的可语言表述的意义是渐次获得而非一次性读取的。——译者注

很难被看见：它"太过显性，以至于无法想象"（Frost 1942a，p.305）。

　　既然我认为对分析师和被分析者遐想重叠状态的使用是分析技术的基本组成部分，那么对任何分析会谈或一系列会谈的审视，都应该服务于阐明遐想分析性运用的重要方面（或分析双方在试图这样做时所面临的困难）。出于同样的原因，若要在分析中运用遐想去仔细检查任何给定的体验，都需要具体到特定分析中的特定时刻。对那个时刻的探索必然会涉及技术上的多种难题和情绪成长的各种潜在可能性，而这些都是分析师和被分析者在心理—人际发展中的那个时刻所特有的。接下来，我将用下面所呈现的临床实例去说明如何在分析设置中使用遐想体验。这必然是一个在分析性运用遐想中有"特定问题"的临床例证。（在尽力运用遐想的过程中，不存在"普通"的问题。）

临床例证：无法思考的女人

　　以下介绍的分析片段发生在分析的第六年之初，集中在连续三次的会谈中。该分析每周进行五次。

　　在通往我办公室的楼梯上，B女士在飞快地跑。当听到她的脚步声时，我的胃部肌肉紧张了起来，同时感到一阵轻微的恶心。在我看来，她似乎不顾一切，不想错过会谈的任何一秒钟。一段时间以来，我一直觉得，她在争取用与我待在一起的分分秒秒，去替代各种她觉得自己无法在场的状态。几秒钟后，我想象着病人正心急火燎地等着我。当病人从候诊室走向咨询室的时候，我甚至能切身感受到病人正陶醉于走廊的每一处细节。我注意到地毯上有几张从我的信笺里掉落的小纸屑。我知道病人会在这节会谈之中和会谈之后"吸收"它们，把它们贮藏在"体内"，以便在心里默默剖析。我能非常明确地感受到，这些纸屑就是我被绑架的那部分。（我此刻描述的"幻想"几乎都是各种真实的身体感觉而不是口头叙述。）

当41岁的 B 女士，一位离异的建筑师，在躺椅上躺下时，她拱起了背部，以一种不言而喻的方式暗示躺椅让她的背隐隐作痛（在过去的几个月里，她曾多次抱怨我的沙发让她的后背不舒服）。我对她说，她在以提出抗议的方式开始这一小时。她觉得我不够关心她，没能给她提供一个舒适的场所。（在说出这些话的当口，我甚至都可以听到我声音中的寒意，以及这种解释的条件反射性和预先准备好了的本质。这是被伪装成指控的解释——在无意之中我向 B 女士传达了我日益增长的挫败感、愤怒感及与她一起工作时的无能感。）

B 女士用"沙发就是这样的"来回应我的说法。（一个难以接受的事实是，病人在这句话里用的是"就是"，而不是"感觉是"。）

病人痛苦地接受了这样一个事实：病人坚信（她认为这是事实）她是一个多余的婴儿，"一个错误"，她比哥哥姐姐几乎小了 10 岁。B 女士的母亲在联邦政府工作。她怀上 B 女士时正值职业生涯的快速上升期。生下 B 女士后，她便非常勉强地在病人生命的最初几个月请假照顾她。B 女士觉得母亲一辈子都在恨她，从一开始就对她既忽视又厌恶，同时却又十分强烈地坚持让病人成为她自己的"迷你版"。病人的父亲，在分析中身形模糊，也是病人感到听天由命、不可改变的"既定"部分。他被描述成一个温和但无用的男人，并且他似乎自打病人出生起就已经在情感上脱离了家庭。

我用反复斟酌的语气对 B 女士说，她一定觉得自己总是在迁就我——在她看来，我肯定不会迁就她分毫。病人和我都知道，我们正在谈论移情－反移情中的一个主要冲突：病人对我极其愤怒，是因为她*知道*如果我选择给，就可以轻易给到她想要的——我某些魔术般的转变就能改变她的生活。这是一个极其熟悉的领域，并且已经以不计其数的方式见诸行动了，包括几乎就在最近，她以性行为的方式跟一个朋友口交，并扬扬得意地咽下了他的精液，而在意识层面，这些精液被幻想成了他的力量与活力。我怀疑在无意识层面，B 女士是将精液幻想成了从她妈妈那儿和从我这儿偷走的具有变形魔力的奶水／力量。病人试图偷走我具有变形魔力的部分，这使我产生了一种感觉，那就是我不可能以同情或关心的方式给她任何东西，更不要说情意或爱了。这样的话，我会感觉我屈从了她，而且被动地扮演了一个她预先设定好的角色。

随后，B 女士讲述了当天早些时候发生的事情。她和邻居因为邻居的狗叫声争吵了很久，病人觉得这叫声"令人不安"。我（有点好笑地）意识到我被当作邻居家的狗了。在我看来，这条狗被要求是虚构的（由 B 女士假想的狗），不会像正常狗一样发出叫声。尽管这里可能有我刚才已经解释过的事实——在邻居的狗身上存在着某种移情，但我决定不去尝试以此种解释来干预。我已经从与 B 女士相处的经验中吸取了教训。在很大程度上，她关于狗的这一段独白所能产生的效果是一个没有明说的要求，那就是需要我向她指明一些她已经完全明了的东西（即当她谈论这条狗时，她也在谈论我）。我猜想，如果我真这么做了，病人会体验到一种短暂的胜利，因为她成功地让我用反映了我对她的愤怒／兴趣的解释去"刺痛"她。她会在幻想中被动而又高兴地吞下从我这儿偷走的（愤怒的）部分。与 B 女士的相处经验还教会了我，假若我屈从于压力，作出了苟刻又"刺痛"的解释，这同样会让病人感到失望，因为这反映我无法守住自己的心智（正如她自己与母亲相处时，发现自己做不到一样）。我还设想，病人努力唤起我的愤怒反应是一种无意识尝试，即让我（有关父亲的移情）走出阴影，进入生活。这一点也曾被多次解释过。

另外，我预期，如果我不作解释，B女士将会变得越来越后撤，并将话题转移到另一个比这次会谈更没有生命力的主题上。之前在这种情况下，病人会变得昏昏欲睡。我俩都觉得这是一种对愤怒的控制方式。有时，她会睡着长达15分钟。当我把病人的这种后撤式入睡解释成一种保护她自己和我免受她（和我）的怒气的方式时，我的经验是病人会把我的话当成贵重的商品珍藏起来（像我地毯上的纸屑那样），而不是利用它们去形成自己的想法、感受和回应等。同样，向病人解释她正在以这样的方式"利用"我的干预措施，这样做也不会产生任何效果。早些时候，我已经与B女士讨论过这种形式的分析僵局，B女士打趣说，奥利弗·萨克斯应该写一个关于她的故事，名字就叫"无法思考的女人"[1]。

在B女士说话的时候，我正在仔细考虑着刚才所讨论的分析困境，这时我开始想到上周末我看的电影中的一个场景。一位腐败的官员被他的黑手党老板命令自杀。这个贪官把他的车停在一条车辆川流不息的高速公路的路肩上，用手枪抵着头。然后，这辆车的镜头被切换成高速公路对面的远景。驾驶座的侧窗瞬间变成一片红色，但并没有破碎。自杀的声音不是枪声，而是连绵不断的车流声。（这些想法很不起眼，且只停留了

1　奥利弗·萨克斯（1933年7月9日—2015年8月30日），神经病学专家。他擅长以纪实文学的形式，将脑神经病人的临床案例，写成一个个深刻感人的故事。——译者注

几秒的时间。)

　　B女士没有停顿也没有过渡，继续讲述她前一天晚上的约会。她用了一些杂乱无章又毫无感情的观察片段来描述那个男人——他英俊潇洒、博览群书、举止焦虑等等。几乎没有任何迹象表现出病人和他共度了一个晚上的感受。我意识到，尽管B女士正在说话，但她并不是在对我说，甚至她可能也不是在对自己说，因为在我看来，她对自己说的话一点也不感兴趣。我曾多次解释过病人的这种与我断开联结，同时也与自己断开联结的感觉。在这里，我决定不再将这种观察当作解释给出，部分是因为我觉得这种解释会被病人体验成另一种"刺痛"且加以利用。此外，我不觉得我还有什么其他的方式能和她交谈。

　　随着病人叙述的继续，我感到这次的一个小时过得很慢很慢。我像患有幽闭恐惧症似的先看一下钟表上的时间，过一段时间之后再看一遍，却发现指针似乎没有移动。我发现自己在玩一个（感觉一点也不好玩的）游戏，看着房间对面时钟上的秒针无声地转动，当我座椅旁边答录机上的数字钟的数字转到下一位数时，在钟表上寻找秒针走过的位置。这两件事情的交汇（时钟秒针的位置和答录机上数字转变的瞬间）以一种奇怪又迷人方式吸引了我的注意力，尽管这并不令人兴奋也不引人入胜。这是我以前与B女士或其他任何病人会谈时都从未进行过的活动。我本以为这个心理游戏可能反映了我和B女士的机械互动这一事实。但这种想法似乎是生搬硬套而来的，完全不适合我所经历的幽闭恐惧症和其他模糊感觉所有的那些令人不安的性质。

　　接下来我开始（在没有完全意识到我在做这件事的情况下）想到几个小时前接到的一个朋友的电话。朋友刚做了诊断性心导管术术前检查。他告诉我他的紧急心脏搭桥手术必须在第二天进行。我的想法和情绪，从对朋友疾病的担心和迫在眉睫的手术的焦虑，转变成想象自己被告知需要进行紧急心脏搭桥手术。在我被告知这一消息的幻想中，我最初感受到了强烈的恐惧，害怕自己可能再也不会从手术中醒来。接着这种恐惧被一种精神上的麻木所替代，一种漠然的感受，像是快速喝光了一杯酒后，情绪开始变得迟钝那样。这种麻木并没有持续下去，而是悄然滑进了一种完全不同的情绪中，这种情绪没有词汇或图像能与之相联系。这个紧随其后的情绪体验先于任何形式的思维或意向。就好像有时一个人从睡梦中醒来，会感到强烈的恐惧、身体疼痛或其他一些感觉，并且在几秒之后，才能回想起生活中的种种事件或与这些感觉有关的梦。在与B女士会谈的时间里，就在描述我刚刚所经历的思绪时，我意识到，这种新的感受是一种深深的孤独和失落。毫无疑问，它与最近一位密友J的离世有关。我回想起在J被诊断出乳腺癌复发后不久，我与她交谈时的感受。彼时是一个周末清晨，我们在一起散步了很长时间。其间，我俩都在为下一步该如何治疗她当时已经广泛转移的癌症"想办法"。其间，（我想对我俩都是）当我们在各种选择中权衡时，就好像癌症可以被治愈一样，这让我们在满溢的恐惧里得到了片刻的放松。当我在脑海里回想对话的部分内容时，我发觉似乎我们越实际，这段对话的感觉越虚幻——我们一起创造了一个世界，在这个世界中，凡事皆有安排，有因必有果。这不是一种空洞的虚幻感，而是一种爱的感觉。毕竟，3加8等于11才公平。我们在这部分遐想中所嵌入的，不仅是希望公平，还希望有人能执行规则。在遐想流动的那个瞬间，我前所未有地意识到，在我与J所创造的这个虚幻世界里，没有所谓的"我们"：她快死了，而我正在谈论她即将到来的死亡。她曾一人独处其中，并且在某种程度上，这是我在那次会谈的那个时刻之前从不敢去感受的东西。我感觉到了一种极其痛苦的羞耻感，我为自己在保护自己时曾经表现出的懦弱感到羞耻。更重要的是，我觉得，正是因为我没能完全意识到J孤独的程度，而让J比以前更加孤独。

　　然后我将注意力重新集中在 B 女士身上。她以一种颇具压力的方式
（声音里带着一种夸张的轻快感）讲述着她从工作中所获得的巨大快乐，
以及她与建筑公司的同事之间相互尊敬、友好合作的感觉。在我看来，
被这幅理想画面所勉强掩盖的是她的孤独与无助感，因为她从未真正与
同事、朋友，以及我一起体验过那种轻松、亲密的感觉。

　　当我听着 B 女士充满压力的描述时，我意识到了一种焦虑和沮丧的
情绪，其性质相当地不明确。我想起了在早些时候，因为跟踪时钟秒针
所划过的精确又重复的位置与答录机上电子数字转换瞬间的一致性，而
感受到的令人不快的满足感。我想，事实也许是，存在一个地点和瞬间，
在那里，秒针和数字钟表的"一致性"可能代表了我的某种无意识的努
力，我努力去制造一种感觉，即事物可以以一种我知道不可能实现的方
式被命名、知晓、识别和定位。

　　B 女士以下面这个梦开始了下一次的会谈：

　　　　在一个类似公园的户外场所，我看到一个男人在照顾一个婴儿。
　　在这方面，他似乎做得很好。他抱着婴儿走到一段陡峭的水泥楼梯
　　上，举起了婴儿，就好像这上面有一个滑梯似的，但是这里并没有
　　滑梯。他放开婴儿，让婴儿从楼梯上摔下去。我看到婴儿的脖子折断
　　了，因为它（it）撞到了最上面的台阶。并且，我注意到它的头变得
　　软塌塌的。当婴儿跌落到楼梯底部时，男人捡起了它一动不动的身
　　体。我很惊讶婴儿没有哭。它只是直视着我的眼睛，诡异地笑着。

　　虽然 B 女士常常以梦作为会谈的开始，但是这个梦很不寻常，因为
它使我深感不安。这让我感觉到一丝希望。病人过去的那些梦让人感觉平
淡，似乎也不需要过多的探询或讨论。B 女士没有多说这个梦，并立刻精

巧而又详尽地谈论她已经参与了一段时间的一个工作项目。几分钟后，我打断了她。我说，我认为她告诉我这个梦是在试图对我说些什么，她觉得让我听到这些很重要，但与此同时，她又害怕让我听到。（她把这个梦埋在工程项目的细节里，以使她说的这件事情看起来无关紧要。）

然后 B 女士认真而又有些顺从地说，在她告诉我这个梦境的时候，她最初感觉对这个婴儿产生了认同，因为她常常觉得我抛下了她。她很快又出人意料地说，这种解释感觉像是"一种谎言"，因为这像是"老生常谈，一种下意识的反应"。

然后，病人说，梦里有许多非常让人沮丧的事情，全都是从她感觉自己"动弹不得"开始，从而无法阻止眼前所发生的一切。（我想起了自己在前一次会谈里所感受到的羞耻，因为我把自己屏蔽在了J的孤独之外，动弹不得，只能旁观。）B 女士说，更令她感到心痛的是，在梦中，她感觉自己既是那个婴儿又是那个男人。她在婴儿直视着她的眼睛时，从那漠然又嘲讽的微笑里认出了她自己。B 女士说，这个婴儿的微笑就像每次会谈结束时（以及会谈期间的不同时刻）她在内心深处给我的那个看不见的胜利笑容一样，以表明她"高于"心理痛苦或对心理痛苦"免疫"，这让她变得比我更强大（不管我怎么想）。

病人在有意无意地努力向我说，尽管不是那么直接，在某种程度上她能理解，我不得不忍受她公然宣称不需要我，不得不忍受她得意扬扬地展示她有能力在人类经验和心理痛苦之上（之外）占据一席之地时我的感觉，这让我很感动。

然后，B 女士告诉我，梦中的自己很容易地就变成了那个男人和那个婴儿，这让她很恐惧。也就是说，她非常容易进入"机器人"模式，在其中她完全有能力摧毁这场分析，摧毁她的生活。她说，她被自己欺骗自己的能力吓坏了，就像那个男人似乎相信他正把孩子放在滑梯上一样。B 女士告诉我，她可以很轻易地以这种无心的方式毁掉这场分析。她觉得根本无法依靠自己的能力来区分这两种谈话：旨在促进改变的真实谈话和算计着让我以为她在说实质性的内容而她实际上并非如此的"伪谈话"。B 女士说，即便在这一刻，她也无法分辨她的真实感受与她编造的东西。

接下来，我将概述下一次的会谈内容，把上述两次会谈中的分析过程的大致轮廓交代一下。

B 女士以这样的方式开始了下一次会谈，她从沙发上捡起一根脱落的线头，用拇指和食指捏住，举在空中，摆出一副夸张的蔑视姿态，然后把线头扔在地上，接着她才躺下去。当我询问她以这样的方式开始我们的会谈是什么感觉时，她尴尬地笑了，像是对我的询问很诧异。回避了我的问题之后，她说从那天早上开始，她就一直强迫性地疯狂打扫。早上 4 点，她从极度躁动的状态中醒来，似乎只有通过打扫她的房子，尤其是浴室，才能缓解。她说，她觉得自己的生活和分析都失败了，除了控制自己能够控制的"那些荒唐事"，别无他法。（我可以感受到她的绝望，但是她的解释仿佛教科书一般。）接下来，病人用沉思填满了这节会谈的前半段。我试图将这种强迫性／沉思性的行为解释成对她在前些天的会谈里说得太多（"弄得一塌糊涂"）的某种焦虑反应，但我只得到了一个敷衍的回复。随后，B 女士又重新开始沉思。

当病人沉浸在防御性沉思的阵痛中时，我发现自己正看着阳光在办公室一扇窗户旁的那些玻璃花瓶上嬉戏。这些花瓶的曲线很优美，看上去非常女性化，好似女性身体的优美线条。过了一会儿，我的眼前出现了一个巨大的不锈钢容器，看起来像在工厂里，也许是在食品加工厂里。幻想中我的注意力焦急地集中在一个容器末端的齿轮上。机器叮当作响。不清楚是什么让我感到恐惧，但看上去这些齿轮似乎并没有正常工作，而且似乎即将发生重大故障，造成灾难性的后果。我想起了在母乳喂养阶段，B女士和她妈妈遇到了极大的困难。据B女士母亲说，病人咬乳头咬得很厉害，以至于两个乳头都发炎了，母乳喂养也只能随之终止。

我有一种感觉，我和B女士正一起体验着某种感官和性的活跃，但却因此而焦虑不安。于是，我将她的女性特质（尤其是她的乳房）变成了一些非人的东西（不锈钢容器和它的乳头/齿轮）。我似乎感觉到灾难性的崩溃会紧随对B女士的性欲和性快感而来。这些欲望和恐惧让我吃惊，因为到目前为止，我并不觉得B女士对我有任何性或感官上的吸引；并且事实上，我也早已意识到由于这方面体验的完全缺失而导致的乏味和无趣。我想起了B女士在前两次会谈中弓起背的样子，第一次将这个画面体验成了一幅淫秽的性交漫画。

在这节会谈还剩下20分钟时，B女士说，她今天本想过来告诉我在夜里惊醒她的那个梦，但直到那一刻她才想起来这个梦：

我刚生了一个孩子，并且正在看着摇篮里的它。在它那张黑色心形的地中海式的人脸上，我看不到任何自己的影子。我不承认它是我生的。我想："我怎么会生出这种东西？"我把他捡起来，抱着他，抱着他，抱着他，然后，他就变成了有着一头蓬乱卷发的小男孩。

B女士接着说："在讲述这个梦的时候，我在想，出自我的东西又感觉不像我。我并不为它感到骄傲，也不觉得与它有任何联结。"（我意识到病人把我排除在画面之外了，但有一个尤其引人注意的事实，那就是我的头发也是卷的。我当时也被梦境的生动性所震惊，我感到震惊一部分也是因为病人用现在时态来讲述她的梦，而这对她来说非同寻常。）

我对病人说，我想她似乎真的对这里来自她的一切都感到厌恶，但我认为，在告诉我这个梦的时候，她想对我表达的不止这些。我说，她似乎相当害怕让自己感受到，或让我感受到，她对梦中那个孩子的爱。

我问道，她先是用一个"东西"或"它"来指代孩子，之后，当她说把他捡起来抱着他，抱着他，抱着他时，却转变为使用"他"这个词，在这个转变中她是否体验到了感受的改变。B 女士沉默了一到两分钟，在这段时间里，我感觉我可能过早地使用了"爱"这个词；并且在那个当下，我完全想不起来在整个分析过程中，我们是否有人曾使用过"爱"这个词。

B 女士接着说，在讲述梦境时她的确注意到了这种变化，但是只有当她听到我正在用她的话讲述的时候，她才能有感觉。病人告诉我，在我讲述的时候，她对我感激不已，因为我没有"扔掉"那部分东西，但与此同时，她愈发对我所说的每一个字感到紧张，害怕我会说一些令她感到难堪的话。她补充道，就好像我会脱掉她的衣服，而她会一丝不挂地躺在躺椅上。在另一个几乎长达一分钟的沉默之后，B 女士说她有些难以启齿，但这个想法已经在她脑海中上演过了，那就是当她一丝不挂地躺在躺椅上时，我会看着她的乳房，并会发现她的乳房很小。

我想到了 J 乳腺癌手术的巨大痛苦，并在这一刻开始意识到我同时体验着两种情绪的双重涌动：一种是我对 J 深深的爱；另一种是她的离开给我的生活留下的巨大又空白的悲痛。在与 B 女士相处的过程中，我之前从未体验过这种宽广的情绪。

此时此刻，我发现自己正在以一种与以往相当不同的方式倾听和回应着 B 女士。如果说，之前那种愤怒和孤独的情绪已经消失，确实有些言过其实，但是现在，它们已经是更广阔情绪星空的一部分。孤独不再仅仅是因为遭遇了感觉上非人性的事物；相反，这种孤独更像是深深地怀念 B 女士身上人性（humanness）部分的体验。我发自内心地知道她人性的一面就在那儿，却只被允许从远处匆匆一瞥。

我跟病人说，我认为她的梦和我们对此的讨论似乎也包含着一种悲伤的感觉，这份悲伤源于她生命中的很大一部分都被徒然地浪费了，"扔掉"了。我说，她用"我刚生了一个孩子"作为开头来讲述这个梦，但接下来的很多讲述，都是关于她是如何阻止体验生孩子的（在分析过程中，B女士几乎没有关于有了孩子的幻想或梦境，而且在我的记忆中，我们仅有两次讨论到她是否想要孩子的问题）。泪水顺着脸颊流下来，B女士无声地哭泣着。她说她之前从未能把这种情绪用语言表达出来，但是对乳房的羞耻感有很大一部分源于她觉得自己的乳房像男孩子的乳房，永远无法为婴儿产出乳汁。

讨 论

我开始介绍的三次会谈中的第一次会谈，发生于为B女士分析的第六年，其中描述了我听到病人快步走在通往我办公室的楼梯上时的反应。我发现能尽己所能地充分意识到每一次与病人会谈时的感觉（包括预期那次特定会谈时所体验到的情绪、念头、幻想及身体感受）是极其宝贵的。那天，我对B女士的大部分反应都是一种身体反应的形式［身体里的幻想（Gaddini 1982）］，无论是在听着她走向我的咨询室时，还是在候诊室与她相见时。我从一开始就（在幻想中）预期自己会在身体和精神上被病人入侵：我的胃部肌肉紧绷，因为我在无意识地等待着一记击向腹部的重拳，而且我还感到一阵恶心，这是在为排出某种我预期在体内会体验到的有害物质做准备。以幻想的形式，我对这些情绪感受进行了详尽的描述：幻想病人摩拳擦掌地"找到我"（进入我的咨询室/身体），并幻想着当她留意到从我的笔记本里掉落到地毯上的纸屑，在她"吸纳"这些纸屑并将我很多部分扣押的时候，用她的眼神蚕食着我。

显然，甚至在病人进入咨询室之前就已经产生了这些遐想，其中反映了一系列的移情－反移情感受。一段时间以来，这些感受的强度和具体性一直在增长，但是无论对病人还是对我而言，都难以进行反思性思考和用言语符号（verbal symbolization）进行表达。在很大程度上，我们双方都认为分析性关系的这一方面本来就应该是这样的。

我曾将 B 女士弓起的背部仅仅体验为某种抱怨，对这个姿势可能的其他含义毫无兴趣。我最初的解释想要表达的是：病人在愤怒地向我抗议，因为我不愿意为她在办公室里提供一个舒适的地方。我可以听到并感受到我话语中的寒意，它将解释变成了谴责。在那一刻，我觉得自己无法成为病人的分析师，取而代之的是，我感到自己在生气，茫然无措，同时又对改变事情的发展轨迹无能为力。我给了 B 女士"预制的"解释，这提醒我自己对B女士的情绪性固着（emotional fixity），并且在那一刻，我无法清醒地思考，不能畅所欲言，也没有能力让自己去接受、理解和体验在我们之间正在发生之事所蕴含的种种新的可能。这些感悟让我深感不安。

尽管当时，病人与她父母的一些经历在我的脑海中浮现，但我却无法将那个背景以真情实感的方式与所呈现的状况建立联系。此外，在这段分析进程中演化的有关移情－反移情的一系列观点（例如，病人无情地苛求如魔法般变化的奶水／精液／能量），已经失去了它曾经拥有的大部分活力。在所述分析的这个关键时刻，对我和病人来说，这些想法已经变成了停滞不前的公式。在很大程度上，它们既是对困惑与无助情绪的防御，也是对更广范围的情绪体验（包括去爱某些人）的防御。

也许，愤怒干扰了我解释的能力，这一令人不安的觉察让我的心理开始发生转变。这体现在，在我对邻居家的狗产生认同时，我能看见（和感受到）其中的幽默。（我觉得）邻居家的这条狗被要求不能成为狗，而是要成为病人在想象中所虚构的生物。这让我有能力避免再次提供另一个寒冷又紧咬牙关的（"小心权衡的"）干预，而替代去倾听。

在这种情感转变之后，一类更具语言符号性质（不再那么仅限于躯体反应）的遐想开始能被阐述出来。在会谈的这一节点上所产生的遐想包含了一系列图像和感受（来自一部电影），其中的一个画面是有人命令贪官自杀。他就这样自杀了，自杀的声音不是急促的呼吸声、枪声、玻璃的碎裂声或血飞溅的声音，而是绵延不断的车流声，对这个纯粹的人类事件置若罔闻。尽管遐想的这一画面有着强烈的情感色彩，但在这一刻，它们是如此难以引人注目，几乎无法进入自我反思的意识，以至于成了一个几乎完全看不见的情绪背景。

尽管在它出现的当下，这一遐想体验几乎没有被注意到，也没有被有意识地利用，但它依然令人不安，并为随后的无意识框架创造了一个特定的情感背景。B 女士对前一晚约会的描述，我对此的体验与本应该有的样子完全不同。她的讲述对我的主要影响是，使我痛苦地意识到她并不像是在对我讲话，只是一种用话语填补空洞的感觉，这些话不像是人与人之间的交流（甚至不像是她自己在与自己交流）。

我不知道该如何跟病人说，她既不是在跟我说话，也不是在跟她自己说话，于是我继续保持沉默。又一次，我发现自己正在走神，这一次是短暂地沉浸于心智"游戏"，我观察着答录机上时间数字的转变与钟表上秒针的启动刚好一致。这在一定程度上缓解了我与 B 女士独处时的幽闭恐惧体验。我推测，有关自杀的遐想，以及涉及两个计时器工作一致性的"游戏"，可能反映了我对 B 女士既机械又非人性的体验，但是这个想法似乎肤浅而陈腐。

随后的遐想反映的是，从相当死板又重复的强迫形式转变为情感更充沛的"意识流"（Wm.James 1890）。我想起一位朋友的来电告诉我，他需要做一个紧急心脏手术，这让我感到痛心。很快，我通过在幻想中自恋地将这件事转化成我要做紧急心脏手术，来保护自己远离对他可能死去的恐惧。我自己对死亡的恐惧反映为对"永远不会醒来"的恐惧。在那个节骨眼上，多重无意识因素决定了这个不会醒来的想法。现在回想起来，这个想法似乎不仅包括被分析者身上那种沉重的"生不如死"感，同样也包括我自己在分析中的麻木状态，我无意识地担心自己将永远不会醒来。

在所有这些里头，失控感正在快速增长。这种失控感不仅关乎我自己的身体（疾病／睡眠／死亡），还关乎我所爱和所依靠的人。在我防御性地退行到一种情感抽离和心灵麻木的状态之后，这些情绪才能得到片刻的缓解。情感抽离的无意识努力没有维持多长时间，就让位给了一个画面生动的遐想，其中是我与朋友 J 共度的一段时光。彼时，她正在与即将到来的死亡作斗争。［若是没有更好的词，我便只能将这些遐想画面的创造称为"回忆"，因为回忆这一概念具有强烈的暗示意味，认为是某些固定的东西被"再次唤起到意识里"（记得）。这次会谈的体验，不是对什么事的重现，也不是对已经发生的一些事情的记起；而是首次出现的体验，是无意识主体间性背景下所产生的新鲜体验。］

在与 J（假装地，却拼命"想"接下来该怎么办）谈话的遐想中，我发生了一个重要的心理转变。在遐想中，我最开始一厢情愿地坚持事情应该是公平的，"讲得通的"，之后则变成了一种痛苦的羞耻感，因为我觉得自己没能领会 J 当时所经历着的孤独深渊。这个遐想的象征意义和情感内容几乎是无意识的，也没有形成对孤独的有意识的自我觉察，因此我还无法与自己或与病人谈论它。此刻，对这个遐想，我还没有一个有意识的、言语符号化的理解。尽管事实如此，但此刻确实发生了一个重要的无意识心理活动。我们会看到，它将对随后的事件产生重要的影响。[1]

当我的注意力"返回"到 B 女士身上时，我并不打算将自己的心理状态恢复到会谈时的"位置"，而是准备去一个全新的"位置"。这个地方在情感上部分来源于我刚才所描述的遐想体验。B 女士正在焦虑地以高压而又理想化的方式讲述她与同事的关系。以上所讨论的遐想体验（包括我防御性的心灵麻木体验），使我依赖躁狂防御去掩饰心理痛苦，特别是忍受可怕的孤独感和无力感所带来的心理痛苦，我对这样的心理痛苦产生了强烈的敏感性。

在这一小时咨询时间的早些时候所出现的"钟表游戏"遐想，在此刻发生的情绪背景下有了新的、重要的意义。这个"早期"遐想是一个全新的类型，因为在新的心理背景下回忆它时，它已然是一个不同的"分析性客体"。我的"钟表游戏"在此时此刻不是充斥着无聊、漠然和幽闭恐惧，而是充满了绝望，感觉像是在恳求。这是一个想去依赖某人或某物的恳求，恳求一个确定存在并能精确定位的锚点，希望它能留下，哪怕只是片刻。在我看来，这一小时的感受有"多种意义"，它们似乎与我对 J 的感受有关，同时也与不断发展的分析关系有关。

刚才所描述的情感活动并没有被精确地概念化为"揭露"我过去与

1　可以将遐想体验所带来的无意识活动看作无意识的"理解工作"（Sandler 1976）的结果，这是梦（和遐想）必不可少的部分。梦和遐想总是包含"做梦人与解梦人"（Grotstein 1979）之间无意识的内在对话。如果这样的无意识对话没有出现（如果无意识的"理解工作"和与之相关的无意识的"梦的工作"没有同时存在），我们只好得出这样的结论：只有我们所记住的梦（或遐想）具有心理价值，并有助于心理成长。很少有分析师会赞成这样的观点。

J 相处的经验中的"隐匿"情感。如果将这一正在发生的过程弱化为病人正在帮助我"修通"我先前与 J 有关的、未解决的无意识冲突，这样的想法同样具有误导性。[希尔内斯 (Searles 1975) 将此过程称为病人作为"分析师的治疗师"]。相反，我认为，我现在正描述的那一小时内所生成的遐想，反映的是无意识主体间过程，其中以特定的方式对我内部客体世界的多个方面进行了详尽的描述，而这些方式只能由分析双方生成的特定无意识结构所界定。我所体验到的和 J 的（内部客体）关系的情感变化，可能只能在与 B 女士有关的特定无意识主体间关系背景下发生，而这种关系背景当下就存在于我所描述的分析关系中。与 J（或与其他内部客体）的内部客体关系不是一成不变的实体；它是思想、情绪和感觉的整体流动，它的运动从未止息，一直在被塑造和重组，因为它在每个新的无意识主体间关系背景下都是新近的体验。在每种情况下，它都是情绪复杂运动的不同面向，构成了一种内部客体关系。在新的无意识主体间情境中，这种内部客体关系最为活跃。正因如此，对分析师和被分析者而言，每一个无意识的分析性互动都独一无二。我认为分析性互动不是指分析师将先有的种种感受性带入分析关系，然后被病人的投射或投射性认同"调用"（就像是钢琴的键盘被敲击那样）。更准确地说，我认为分析性过程涉及创造新的无意识主体间事件，而在此之前，这些事件从未出现于分析师或被分析者的情感生活之中。

　　我所描述的 B 女士所体验和参与的无意识主体间运动，反映在三次会谈中的第二次开始时她所讲述的梦中。在那个梦里，病人看到一个男人正在照顾一个婴儿。这个男人将婴儿放置在想象的滑梯上，让它从混凝土楼梯上跌落下来，并在此过程中摔断了脖子。在这个梦的最后，当男人捡起那个无声的、一动不动的婴儿时，这个婴儿死死地盯着病人的眼睛并诡异地笑了起来。

在报告完这个梦之后，B女士继续说着别的什么东西，就好像她并没有说过任何关于梦或关于她的生活的其他方面的重要事情。我发现（并未计划如此）我用于解释这个梦境的措辞，不仅取自我遐想中车流噪声所掩盖的孤独自杀的画面，同时也取自被绝对沉默所框定的病人的梦境（在B女士对梦境的诉说中，没有口语词句，没有哭喊和尖叫，也没有谩骂和抨击）给我带来的情绪影响。我在中途评论道，在她向我讲述这个梦时，病人使用了像"噪声"这样的言辞去掩盖（淹没）那些极其重要的内容，而那些内容她既希望我听到又试图阻止我听到。至于我的遐想在什么时候停止，以及病人的梦在什么时候开始这样的问题，在此时此刻，不可能给出任何有意义的确切的回答。我的种种遐想和病人的梦都产生于同一个"主体间分析性梦域"（见第5章）。

对我的解释，B女士的反应与之前一段时间相比，要更直接、更具有自我反思性，也更具有情感色彩。尽管有一丝顺从，但毫无疑问，分析关系正在发生变化。一开始，她说她把自己看作那个被我丢弃的婴儿，之后她能看出这个解释是"一种谎言"，因为在感觉上它是陈腐的和本能性的。然后，她谈到自己"动弹不得"而无法阻止眼前正在发生的事情。我想到了之前会谈中出现的遐想，在那个遐想中我感觉自己成为一个动弹不得的观察者，在一旁看着J的孤独，这让我感到羞耻。这种羞耻感让我想到，是否这种羞耻和内疚也是病人悲痛的重要方面，而病人的悲痛与这个梦有关，也与她对待我的方式有关。B女士接下来的说法似乎证实了这种理解：她间接地告诉我，她对自己这种通过声称自己能"高于"或"免疫于"心理痛苦而隔离自己也隔离我的能力感到害怕。

当B女士和我谈到她所使用的"诡异微笑"时，我不确定病人能否意识到她正在努力缓解与她相处时我的隔离感。在本节会谈的最后，病人向我讲述了她的恐惧。她害怕自己有能力成为一个坚不可摧的机器，以至于摧毁这场分析，也摧毁她的生活。在那一刻，B女士体验到自己无法从欺诈性的"伪谈话"中区分出真实情感。虽然还没有完全意识到这一点，B女士跟我说的却是她能从内心深处知道的唯一真实的东西——她有些害怕地觉察到，她不知道自己真实的一面，如果有的话，也不知道完全受困于自己的感觉。

接下来B女士以一场颇具戏剧性的治疗内见诸行动表演开启了会谈：B女士非常讲究地从沙发上捡起一根脱落的线头。长久以来，病人的模式是会谈一结束她就焦虑地退缩。在我看来，会谈应该是有人情、有温暖的，然而病人傲慢又超然的态度明显让我感到失望，我又一次开始觉得与B女士之间的联结突然结束了。我感到她就像介意那条被丢到地上的线头一样将我丢弃。

看上去她似乎也正体验着对自己的失望，觉得自己在生活和分析中都是一个失败者。显然，病人也感到害怕和尴尬，因为她（在幻想中）已经弄脏了自己和我，并且正狂热地清理着溢出身体的各种东西/感受（浴室里的脏乱物）。我试图与B女士讨论，我以为我理解她目前的感受和行为，认为这些代表了她对与我上一次会谈体验的回应。然而，我的努力被系统性地忽略了。

在这节会谈的大部分时间里，当病人正在沉思的时候，我自己的遐想包括阳光在咨询室的花瓶上"嬉戏"时我对花瓶上突显的女性化线条的感官享受。紧随这些情绪的是一组充满了焦虑的遐想画面，其中可能是一家食品加工厂的容器齿轮出了故障。我强烈地感觉到灾难即将来临。在我的脑海中，这些画面和感受与病人如下的描述联系在了一起：由于她"过度的"欲望（她咬母亲的乳头咬得太紧以至乳头发炎）而导致过早地终止母乳喂养。

这让我觉得，尽管在事实上，我之前和B女士相处时从未体验过任何性或感官上的活跃，但现在我开始有了这种感受，同时，实际上我对这种幻想会带来的灾难感到焦虑。这让我想起了本周早些时候 B 女士在会谈开始时拱起了自己的背部，并回忆起当时这个姿势对我来说没有任何性吸引力。在我看来，现在这个身体动作是一种对性行为的诋毁性讽刺。也就是说，它既表达了对我的性欲，也表达了对这一欲望的诋毁。

刚才描述的这些想法以及遐想中的情绪和图像，成了我倾听和回应病人在后半小时内所呈报梦境的情绪背景。在那个梦中，B 女士刚刚生下一个对她来说很陌生的婴儿。在抱着他、抱着他、抱着他的过程中，他变成了一个有着蓬乱卷发的小男孩。B 女士一反常态地给出了她自己对这个梦的解释。她说，她觉得这个梦反映了她觉得自己与自己在这场分析中所说的内容实际上没有任何联系。我承认，这似乎的确捕捉到了她长久以来的一些感受，但是（受我遐想情绪余波的影响）我对她说，我认为她在告诉我这个梦的时候，她想说的远不止这些。我说，我认为对 B 女士来说，公然地体验她对孩子的情感是很可怕的。[我选择推迟到下一节咨询来解释这个卷发婴儿是"我们的"的想法 / 愿望，因为似乎有必要先让病人有能力真正体验到她与他（我 / 她自己 / 分析）之间的联系。] 然后，我问 B 女士是否有这种感觉，就是她几乎不由自主地让这个婴儿变成了人（并得到了爱），因为当她说"我把它捡起来，抱着他，抱着他，抱着他"时，她在这句话的中途将指代婴儿的词由"它"变成了"他"。

在一阵若有所思又焦虑的沉默后，B 女士告诉我，她很感激我没有"丢弃那部分东西"。我意识到 B 女士正在使用模糊的语言（"那部分东西"），而不是（像我一样）使用"爱"这个词，或者使用她自己的某个词汇来命名这种"没有被丢弃"的感觉。接着她告诉我，她很担心我说出来的话会让她难堪（在幻想中，脱掉她的衣服），她的乳房就会暴露出来，而我会觉得它们太小了。

接下来，我体验到了我对 J 的爱的强度，以及我的悲伤情绪和失落情绪的深度，这是我在分析过程中一直无法感受到的部分。就在那个当口，我开始怀疑，在前一次会谈中，我在对 J 的遐想中所感受到的羞耻情绪，其实是在帮助我避免体验那份爱的痛苦和丧失的感觉。我怀疑，关于我觉得她乳房太小的幻想中的羞耻感，同样是防御：B 女士用它来防御，她希望能够爱我，同样也希望能够被我所爱，这种更加可怕的愿望（也伴随着对我会轻蔑她和她蔑视她自己竟然有这些愿望的恐惧）。在那次会谈的一开始，这种害怕的、防御性的轻蔑就已经表现在她傲慢的姿态里了。

我刚才描述的那些遐想和念头（例如，一场匿名的自杀，控制时间流逝的努力，无法完全哀悼朋友的早逝，对遏制性活力、感官活力和其他相关事项的焦虑）对接下来我对 B 女士所说的话有极大的贡献。我对 B 女士说，我觉得在我们正在谈论的话题当中弥漫着一种悲伤，这种悲伤源于她生活中许多重要的方面缺乏生命力（被"丢弃"）。在谈到一种被丢弃的生活、一种从未活过的生活的悲伤时，我想到的不仅是在梦中 B 女士不允许将自己体验成她（我们的）孩子的母亲，还包括（在不同程度上）她不允许自己拥有与我一同处在分析关系中的体验，以及不允许自己拥有成为她母亲的女儿的体验，或是拥有一个母亲的体验。

B 女士以哭泣的方式回应我，这让我觉得 B 女士正在与我一起体验着悲伤，而不是在向我戏剧化地表演一种虚构的感受。她详尽地讲述了这样一种想法：她觉得她一生中大部分的生活都是没有生命的，她告诉我，在很大程度上，她没有体验过作为一个女孩和一个女人的生活，因为她并不觉得自己拥有女性的身体。因此，她觉得自己可能永远也不能"为婴儿提供奶水"。在这一小时最后的陈述中隐含了病人的恐惧，她害怕自己永远无法充分体验作为一个女人与我在一起活着的感觉，同时也害怕自己无法（在想象中）体验成为我们孩子的母亲的感觉。

结　论

当然，我讨论的这三节会谈中存在着无数的思想、情绪和不同的意义层次。这些要么被我完全忽略了，要么只是简单地、不那么完全地有所提及。这就是分析性工作的本质，尤其是在分析性工作中，当分析师尝试应对分析师和被分析者无意识生活相互作用的无限复杂性时，以及应对在二者"重叠"部分所产生的不断变化的无意识构造时。我的意图并不是为了详尽阐明无意识的所有意义，而是为了在分析工作中提供一种体验和反思、倾听与反省、遐想与解释的往复节奏。在这些分析工作中，分析师对遐想的运用是分析技术的基本组成部分。

第 7 章

论精神分析中语言的运用

语言在精神分析中的运用几乎触及精神分析的每个面向。我不打算将本章变成（精神分析语言运用的）百科全书；相反，我将提供一些初步的想法，解释在分析设置中，分析师和被分析者的意识与无意识体验是如何（大部分通过语言）被传达／创造的。语言不仅是将沟通简单打包的一个信息包裹，更是在说或写的过程中赋予经验生命的媒介。我将就这一观点对分析工作的一些启示进行讨论。

本章并非试图将分析性思维应用于文学研究领域。相反，我希望为进一步认识发生于分析情境中的语言生命力（以及蕴含在言语中的生命力）做一点点贡献。与其试图探寻语言的幕后，不如深入研究语言本身。

阅读、写作与精神分析

以这样的方式开启一篇精神分析论文，我知道非常奇怪，但还是决定这样做：我将试着描述当我还是一名学生时，在阿默斯特学院（Amherst College）学习入门英语课程的经验。在这些课程中的体验，如今仍然深刻地影响着我的语言使用方式，不论是在分析设置内还是在分析设置外。

写作入门课（所有新生必修）由英语系老师教授，每个课堂大概有15名学生。在每个学年内，一周有3次写作课，每次上课前需要提交一篇一页半长度（就一个给定问题写作）的论文。课程最初的写作作业是"描述一个（真实的或想象的）情境，在这个情境中你是真诚的"。在每堂课前，教授会分发一部分学生所完成的上一次课程的作业（起初只有一个句子），然后大声朗读几遍并讨论。每周写 3 篇论文的效果是在一整个学年的写作过程中产生了一种持续性的沉浸式体验。写作和思考语言成为一种生活方式，就像分析中的体验会在一段时间内变成"一种生活方式"一样。写作任务还有：

- "描述一个你不真诚的情境。"
- "在你描述的不真诚情境中，你是如何'知道'自己当时不真诚的？"
- "描述一段对话，其中你先说了一些感觉不真诚的话，接着，你改变了某个词汇、短语或句子，甚至只是声音的语调，结果让你觉得现在说的话变得更真诚了。你改了些什么？"
- "下面这句话对你来说意味着什么：'这太不像我了，我做其他事情的时候都不是这个样子。'"
- "写一封信，在信中你要歪曲事实。"
- "写一封信，在信中你要试图纠正一个误会。"
- "在前面两份作业中，这两封信在写作上有什么不同？"

这些可不是心理学、语义学、修辞学、语言学、逻辑学或哲学方面的训练。这些练习旨在让学生不断努力地创造一个情节背景，使每个学生在试图表达 / 创造想法和感受的过程中，能在遣词造句时倾听自己内心的想法。

虽然我在高中时曾读过莎士比亚、麦尔维尔、奥威尔、霍桑、海明威等人的作品，但对这些作品中被公认写得好的或有所欠缺的内容，我几乎都毫无感觉（我甚至不确定我是否真的问过自己这个问题）。我清楚地记得，从一位同学的论文中，我第一次听到精彩文字的声响。在 1964

年秋天的写作入门课上，有一个段落被大声地朗读了出来。学生作家描述了某个清晨的美好心情。当他沿着家门口的人行道行走时，一条狗路过，他向那条狗打了个招呼。我无法清晰地回忆起那位同学在这些句子中所用的词语，但是我听到并感觉到了语言中的一种活力，这是我之前从未有过的。在段落中说话者的年龄从未指明，作者不仅用他的语言以某种方式传递出了一种轻盈的感觉，还成功捕捉到了男孩那种自然不造作的精髓——至于这个男孩是 5 岁还是 16 岁，已经不重要了。我则惊叹于在这些句子中完全没有任何模仿或者矫揉造作的地方。

随着学年的推移，风格写作停止和内容写作开始的地方变得越来越难以界定。过去与当下的关系也逐渐变得有趣而复杂：似乎看起来，过去在许多方面只有在一个人能用当下的语言创造出来时才是真实的。

不过可以逐渐明了的是，过去的难以言明是因为其固执地拒绝沦为文字。"内在真实自我"的幻想被语言玷污了，似乎随时可能破灭。取而代之的是一种"真诚"（这个词的意思会不断活动与变化）感，这种感觉与使用语言让自己被自己或他人所知有着难分难解的联系。我在大学期间（或之后的几十年间）从未如此清晰地表达这些想法。这不仅是因为我做不到，还因为我并不想去尝试。

回溯一下，这门写作入门课程的实验主题似乎是个人经验的相互渗透、个人试图用语言来交流这种经验及在此过程中个人的遣词造句（对自己和他人）所产生的影响。我所描述的写作、阅读和倾听实验，与作为分析体验内核的思维、感受和沟通实验有着大量的相似之处。在分析会谈的时段里，虽然很少使用写作作为表达媒介，但我们的确会使用语言，也的确会使用我们已经发展的倾听能力去倾听（不仅是病人的，还有我们自己的）言语和非言语形式的语言。

"耳朵做得到"

为努力甄选用以思考和讨论精神分析语言运用的词汇，我想到了一个故事。故事由文学评论家理查德·波尔利尔（Richard Poirier 1992）讲述，涉及他的老师兼文学批评家鲁本·布劳尔（Reuben Brower），在向学生教授诗歌鉴赏的方法和我所向往的精神分析方法中，这个故事所反映的美感都普遍存在。

> 有一年课程伊始，布劳尔以埃德温·缪尔（Edwin Muir）所写的一首短诗作为英语文学阅读本科课程的练习。彼时，有一个恼怒的新人仅仅因为"不连贯"而向大家抱怨。这再一次明白无误地证实了布劳尔做选择的智慧。他只是说："好吧，那让我们来看看能拿它做些什么。""能拿它做些什么"，而不是"能从中得到什么"。他喜欢在各种场合反复提出的问题仅仅是"读这首诗是什么样的感觉？"——这是最难回答的问题，也是不会鼓动人们寻找一致模式的那种问题。（p.184）

"读这首诗是什么样的感觉？"这个问题关注的是阅读体验本身，即阅读、倾听是什么样的感觉，作者对着你说话（或以书面交流的方式）是什么样的感觉。我相信，"读这首诗是什么样的感觉"和"与这个病人在一起是什么样的感觉"这两个问题之间存在重要且有趣的交叉。对布劳尔（1951，1968）而言，阅读体验的根本要务并不在于必须破译、解码或阐明文本以揭示其隐含的意义的"连贯模式"；相反，重点在于创造自己的词汇和句子，用来描述经由作者和读者思想的碰撞所创造出来的那个当下。（在精神分析体验和阅读体验中）理解的过程非常重要，但不去"了解太多"（Winnicott 1971，p.57）至少也同样重要。"最好去练习（对精确含义）触而不及的艺术"（Poirier 1992，p.182）。

一首诗、一部小说、一出戏剧、一篇散文一旦完成，对作者身份以及作者（在意识上）意图的问询便会消退，因为此时读者成了对所说或所写内容进行回应的作者。譬如，当一首诗已经被写完（那些台词/剧本已经被说完）时，它便完成了自己的工作；接着，读者/听者成为其意义的创造者，成为在他体验这些（并被这些改变）时自己对这部作品的感受的作者，并且（有时）还会试图寻找语言来描述他的这些体验。读者/听者必须以某种方式让这些书写/话语成为自己的东西，或者用布劳尔的话来说，读者必须"看看他能拿这些诗歌做些什么"。在写作的过程中，诗人必须思考他能用语言捕捉什么，并且在某种意义上创作出属于当下的"表达"，即"在某些特定情况下"作为一个人是什么样的感受（Herry James 1881，p.17）。

写作和阅读的体验与从事分析的体验并不完全相同。试图努力在两者之间建立一一对应的关系只是一种简化论，从而模糊了这两种人类活动的本质。当试图分析并利用文学老师和文学评论家的观点时，我的初衷根本不是要将分析简化为"口头文学"，或者将分析性倾听简化为"文学评论"。我感兴趣的是，当他们面临其他人对人类经验的象征性表达/创作时，他们会如何去思考和谈论这些体验。

布劳尔引导我们去使用隐喻："读这首诗是什么样的感觉？"（有侧重点）在提出这个问题时，布劳尔要求我们带来一些与这首诗有关的新东西、一些诗歌中没有的东西、一些或许是基于这首诗给我们的影响而想到的东西。如此一来，（我们）积极地与诗歌建立了联系；我们用它做了一些事情，而不是去理解它。[1]

分析性讨论需要分析双方的隐喻语言水平发展到足以去创造声音和意义的程度，而这种对声音和意义的创造性就反映在给定时刻去思考、感受及亲身体验（简而言之，就是在人的能力范围之内作为一个人活着）的能力上[2]。

对语言的这类使用能力并非天生的；它需要"倾听训练"[3]（Pritchard 1991），这是在第一次会谈时分析师就需要提供的东西。当分析师试图避免烦琐的说教主义时，在某种重要意义上，他很像一位英语老师，在尽其所能地提高病人对语言微妙之处的理解能力，以及在分析对话中让病人能够更充分地运用语言来刻画/创造他的思想、情绪和知觉等。

在与一位被分析者的初始访谈中，我说："你把我们的第一次电话交

1　我想起比昂对他的一位被分析者詹姆斯·格罗特斯坦说过的话。一次，格罗特斯坦以"我理解了"回应比昂的解释。比昂停顿了一下，然后平静地说："请不要试图去理解（understand，其立场之中），如果一定要的话，可以处在其立场之上（superstand）、其立场周围（circumstand）或其立场对面（parastand），但是，请不要试图去理解（其立场之中）。"（Grotstein 1990，个人通信）

2　分析师所创造的用以构成解释的"隐喻性语句"一定不能显摆分析师遣词造句的小聪明，这样会让人厌恶。在探讨弥尔顿的作品时，李维斯（Leavis 1947）对"为文字而文字"的显摆和"以文字传情"的创造力进行了有效的区分（p.50）。

3　普理查德的术语"倾听训练"来自罗伯特·弗罗斯特在1914年写的一封信中。其中，他使用的语言是："*耳朵做得到*。耳朵是唯一真实的作家和唯一真实的读者。我认识一些人，他们可以在不听声音的情况下阅读，而且他们的阅读速度最快。我们称他们为视读者（eye readers）。他们能通过扫视明白意思。但他们却又是糟糕的读者，因为他们错失了一位优秀著者用文字所表达的精华。"（Frost 1914a，p.677；由普理查德引用和讨论，1991，p.5）

流描述成好像你并没有参与其中，这让我很吃惊。"我在与她谈论她使用语言的具体方式给我带来的感受，即在我的想象中，在我们打电话时，她所能感受到的那些感受（而且也在含蓄地与她谈论我所感受到的她当下的一些感受）。分析者回问我："你是什么意思？"我说，她似乎还在为能否参与和我的交流而焦虑不安。病人没有直接回应，而是继续说着，其中我逐渐地意识到她在模仿我说话的方式，比如，声音的抑扬顿挫。我有一种奇怪的感觉，好像我在照镜子，看到了自己，但同时又敏感地意识到这种反射的虚无本质。我选择不将病人的注意力引导到她对我的无意识模仿上，因为这样做可能会让她体验到被暴露的痛苦。相反，我倾听着病人的"故事"（她讲述着她的历史）。在这个相当乏味的自我介绍期间，我的思绪开始神游。我在脑海里回顾了日程安排，甚至努力回想了在某一个下午我要和谁见面。最终，我告诉病人，我很难从她正在给我讲的故事里感受到她作为本人的感觉。病人承认她认识到了自己有"躲藏"的习惯，但是这个承认的效果是，让她对我所怀疑的一种让人更加不安的感觉避而不谈——被藏起来的不是她的在场，而是她的不在场的感觉。在这一小时的最后及接下来的几段会谈里，我着手和病人谈论她隐藏了自己的不在场这个问题，并且将这个想法与她的问题"你是什么意思？"联系在一起。我暗示，这个问题可能反映了她某种不安的（无意识的）努力，以向我和她自己掩饰那种不在场的痛苦感觉。

虽然精神分析通常不会公然说教，但是我相信它在"倾听训练"这方面提供了一种人类所能创造出的强度最大也最严格的体验。[分析师必须时刻意识到这类"教学"可能存在危险，即滑向某种灌输的形式。在某种程度上，被分析者模仿分析师的"语言"（Balint 1968）是分析工作不可避免的一个特征，而且必须被当成移情–反移情体验的某一个面向来进行处理。]

　　为了描述我在使用术语"倾听训练"时脑海中的想法，我想简要讨论一下我在阅读亨利·詹姆斯《一位女士的画像》（1881）开篇遣词造句时的体验。

　　　　有时候，生命中的某些短暂时光，比那些刻意奉献给名为下午茶这一仪式的时光更加沁人心脾。（英文原文为：Under certain circumstances, there are a few hours in life more agreeable than the hour dedicated to the ceremony known as afternoon tea. ）（ p.17 ）

　　这是一个精致的句子（也许过于精致），其中每个字都像大厨在清晨的早市精挑细选而得，且这位大厨只会挑选那些大小、形状、色泽、质地和香味都恰到好处的香草和蔬菜。"有时候（ Under certain circumstances ）"这几个字组成的短语构成了这篇小说一个值得注意的开头：这也正是小说所关注的——创造出一种表达，这种表达能用语言来描述"有时候"的生活。但是我们已经意识到，将被呈现的并不是任何一种声音或任何一种境遇下的生活，而是某个人过的一种生活，他用这类优雅的、会意的在自命不凡的边缘摇摇欲坠的措辞所描绘的生活。也许，比摇摇欲坠更进一步——它可能已经开始滑入了自鸣得意之中。这个短语具备强有力且引人入胜的效果。

　　当我们读到："有时候，生命中的某些短暂时光……更加沁人心脾（ Under certain circumstances, there are a few hours in life more agreeable ... ）"，这种声音、语调及慵懒的节奏都在延续："……生命中的某些短暂时光……更加沁人心脾。"从舌尖滚落的这些词汇隶属于一个对语言运用自如之人，并且他享受这些词汇所创造出的声音：它们的确是美妙的声音。"沁人心脾（ agreeable ）"这个词很完美——它不可以被写作"快乐愉悦

（enjoyable）""心情舒畅（pleasurable）"或"令人放松（relaxing）"——"沁人心脾"这个词更审慎、更成熟，也更有涵养。

　　这个句子（这个精雕细琢的句子）总结道："……比那些刻意奉献给名为下午茶这一仪式的时光更加沁人心脾。（... more agreeable than the hour dedicated to the ceremony known as afternoon tea.）"这里的时光不仅是被描述的某人喝下午茶的时光，而且是"那些刻意奉献给名为下午茶这一仪式的时光"。这里的"时光（hour）"[也许是双关语"我们（our）"]不再是对时间的度量，它是对西方文化发展程度的一种度量（在英国文化背景下，下午茶文化已经到达了它的顶峰）。这些时光不是简单地以某种方式"消耗"或者"度过"的，在历史的这个节点上，它不是"奉献（dedicated）给了下午茶（to afternoon tea）"，而是奉献给了"名为下午茶这一仪式（to the ceremony known as afternoon tea）"。人们不会问"是谁名为？（Known by whom？）"这样粗鲁的问题。它就是众所周知的，如果有人不知道，那么也不必继续读下去了。"我们"被邀请与讲述者一起微笑（smile），因为我们之间有一条纽带，这条纽带把我们联系在一起，让我们共同认识这个具有丰富象征意义的体验，这个无与伦比的体验。

　　这是一种自嘲，也是对读者的文雅调侃，讲述者竭尽所能地选出这些巧妙的文字去描绘这一"沁人心脾"的仪式，就好像讲述者在从我们想象中放到他面前的托盘里选出他心仪的蛋糕。不可否认，这是文化和审美的一种表达，如此熟悉、如此文明又如此泰然自若的一种表达，以至于很难确定在此表达中人物出现在哪里。讲述者欢迎读者，如同一位彬彬有礼的主人欢迎客人一样，而客人将会（非常英式地）深情地分享我们在这些表达中听到的自嘲。但是这里也有咄咄逼人的智慧，读者可以感知到（不知道从何而来的）被那个时刻看似热情的凝视所刺穿的挑战

（甚至是危险）。

在语言中，有着不断的涌动、神秘、魔力（包括"魔力"这个词的吸引力和操纵感），以及与这无法实现的智慧（甚至几乎不是一个人）同在的危险感。这句开场白不像是对进化树最远枝丫那种细枝末节的讽刺性评论。更准确地说，通过写作对读者的影响，语言的这种运用不仅描述了人类经验，还创造了人类经验。

阅读和思考这句开场白，不需要费力窥探语言"背后"或字词"之下"的隐藏含义；更准确地说，我们是为了揣摩作者对语言的高度驾驭。意义存在于语言及其产生的效果之中。我们聆听语言，而不是假借于它。正如后面将要讨论的，这正是目前分析技术理论发展的一个重要方向：在当代的分析性写作和实践中，不仅要努力倾听病人正在说什么，还要努力倾听病人说话的方式，以及在特定时刻病人对分析性关系所创造出的影响（参见，Joseph 1975，1982，1985，Malcolm 1995，Ogden 1991a，Spillius 1995）。分析师们越来越尝试去倾听，除语义内容之外病人使用语言所产生的意义和创造出的效果。当前，已经很少有人会强调去找寻病人所诉说故事"背后"的故事，或意识"之下"无意识的含义了。无意识不是"下意识（subconscious）"，它是意识不可分割的整体的一个方面。同样，意义（包括无意识意义）蕴藏于语言使用之中，而不是在它之下或在它背后。[弗洛伊德（1915）认为，术语"下意识"是"错误的（incorrect）和误导性的（misleading）"，（Freud p.170）因为无意识并非位于意识"之下"。]

对刚才所讨论的《一位女士的画像》中的那个句子，我们需要让自己不只是"被写作所触动"（大体上是对阅读体验的一种被动语态描述），还需要与作品 [与作者和（想象中的）讲述者] 一起进入某种积极投入的状态。我们必须创造出这位讲述者（以及与他相关联的我们自身），因为作者在语言中给予了我们这样去做的"环境"。这就是通过和透过文字载体去创造一种人类体验形式的本质。我认为，这种投身于写作的形式展现了一种参与的品质（一种极具审美的体验），这与我们在分析邂逅中将自己作为听者、讲述者、观察者和参与者的方式有许多共通之处。在分析交换（analytic exchange）中，除非我们能惊叹并欣赏语言运用的微妙与复杂性，否则，我认为分析实务很容易成为一种非常沉闷的消磨时间的方式。

作为这一部分的总结，现在对分析对话的独特之处（以及什么可以被看作"分析美学"）作一些简短的评述。在文学美学和分析美学之间存在着重要的重叠与差异。我认为，对文学来说，其根本在于尝试用语言捕捉/创造这些重要的东西：关于人活着的体验，关于使这一切得以发生的文字游戏中的愉悦感。对精神分析而言，用语言捕捉/创造人类体验也很重要。然而，精神分析的疗愈功能也强有力地定义了分析美学。分析师和被分析者的角色（以及双方运用语言交谈的方式）由他们在一起工作的目的界定：试图帮助被分析者产生效果持久的心理变化，从而使他成为更完整的人。

被分析者之所以无法过上一个比目前更完满（更人性化）的生活，往往是因为他依赖一些（无意识的）方法来保护自己免受真实的和想象中的危险的伤害。更具体地说，帮助被分析者成为更完整的人这一分析任务，涉及推动病人去努力（尽管非常矛盾地）体验更广范围的思维、情绪和感觉，而这些思维、情绪和感觉都是他自己的，是他与别人（包括分析师）在现在和过去的关系背景中产生的。

在他们的分析工作中，鉴于分析师和被分析者被赋予了上述这些设想，分析对话可不仅仅是运用语言捕捉/创造人类体验的对话，除此之外，它还专注于创造语言用以充分识别和描述焦虑本质的对话，而在移情－反

移情中，这种焦虑所持有的"紧迫感"（Strachey 1934，p.154）阻止了被
分析者在当下时刻去体验更广和更深的思维、情绪和感觉游戏。正是焦
虑（精神上的痛苦）驱动和引导了分析对话的走向。分析技术以努力与被
分析者谈论分析师和被分析者在当下这一刻相处时的感受为导向，它强
调要描述最迫切的恐惧，正是这种恐惧塑造／限制了被分析者以更人性化
的方式体验当下时刻的能力。

分析师的语言

在考虑分析师在分析对话中的语言运用时，我的观点与以下观点多
少有些相左：分析师用语的目标是尽可能干脆、清晰和明了。关于分析
师的任务的这种设想，尽管我将其视为部分事实，但我觉得它必须与另
一部分事实处于张力状态之中：对分析师来说，有志于使用一种特定的
形式来唤起情感的、有时令人抓狂的、几乎总是令人不安和模糊不清的
语言也是至关重要的。在分析中，如同在诗歌中一样，"言语并非肮脏的
沉默／须明了；言语是愈加肮脏的沉默"（Stevens 1947，p.311）。分析师
的语言本身需要体现其语言本身并不具有固定不变的意义。意义在持续不
断地更新，这样做的同时，意义也在不断地解放自身（削弱自身对意义
确定性的主张）。至关重要的是，分析师的语言需要体现一种张力，即
它永远处在努力生成意义的过程中，同时每一步都在对"到达"或"澄清"
的意义产生怀疑。

一位接受了大约 6 个月分析的病人最近对我讲的一番话，在我看来是

对我的高度赞扬，尽管病人并非有意赞美我："你不是在讲英文。每当我尝试去思考时，你讲得已足够清晰了。我从没听过别人这样讲话。你会非常小心地措辞，而且在某种程度上，它们异常精确，但出于某些原因，它们也令人困惑。我总觉得你所说的似乎比你已经说出的还要多。"

分析师依赖语言去扰动（动摇、去中心化、搅乱、扰乱）一些既定之物——病人意识层面既定的信念与叙事，病人通过这些信念与叙事所创造的永恒、确定和固定的幻想，而这些幻想来自他对自我的体验，也来自占据了他内部世界与外部世界的那些人的体验。被语言所扰动的"既定之物"的核心，是在分析关系中病人和分析师对"正在发生的事情"的既定理解。

能扰动人心的语言最强有力，语言最强有力时并不体现获得洞察／理解，而在于它所创造的种种可能性——"趋势之流的惊涛骇浪或丝丝涟漪"（Emerson 1841，p.312）。在"趋势之流"中，分析师的语言制造了涟漪，以帮助分析师和被分析者冲破他们共同陷入的漩涡。在这样的尝试中，分析双方从未完全成功过，但是他们艰难地通过和透过语言去克服其本身（其本身的各种循环趋势）。

分析语言的荒芜

实际上，分析语言枯燥乏味的形式难以尽数。最常遇到的是几种来自教条主义和僵化的意识形态。当为意识形态的纽带所主导时，分析师往往会主动采用（或被动采用）他所属的分析"学派"的语言。已经被意识形态化了的分析语言不再具有生机，这是因为从一开始，分析师就已经知晓所提问题的答案。因而，语言的功能也被迫沦为将这些知识传递给被分析者的工具。在这种情况下，"基于实验、不确定性和各种尝试之上"（James 1884，p.44-45）的语言艺术性就微乎其微了。例如，在做顾问的过程中，我看到来自不同精神分析"学派"的分析师给出的两种解释。在面对病人持续不理会、空谈或者无视分析师所给的几乎全部解释时，一位分析师告诉病人："你嫉妒我在头脑中建立联系的能力，你之所以愤怒地抨击我所作出的每一个解释，是因为它们反映了这样一个事实，即有一段对话、一场交流正在我的内心上演，而你对此毫无控制且感到无能为力。"而另一位分析师在回应他一贯迟到的病人时观察道："你（被分析者）没有提到今天的会谈，你又迟到了。你似乎不觉得这是一种挫败我和这场分析的方法。"先不论这些解释是否准确，是否适时，是否针对了首要的移情焦虑等学术问题，这些用语是如此陈腐，以至于忽略了它们本该去处理的那些体验，即病人在移情–反移情中所表露和体验到的无意识冲突及焦虑。

从根本上看，这些解释语言反映了（也因此声明了）分析师想象力的失败。以这种方式说话的分析师已经失去了原创思维的能力，也失去了用自己的声音说话的能力；他把自己的思想和对语言的运用交给了（真实的或想象的）别人，且常常完全意识不到他已经这么做了。

分析师在这些解释中所使用的语言反映的事实是：他们借用别人的声音说话，而他们自己则像个哑巴。这类交流着实令人恐惧，因为它可能会导致被分析者试图保护分析师，使分析师意识不到他自己已经在某种程度上"失去了心智"。被分析者可能会不自觉地努力让分析师无法觉察到这种情形，从而学着用同样陈腐且刻板的语言说话。在这种情况下，解释就失去了活力，听上去像一个个预先包装好的分析理论包，随便由什么人派发，也随便被什么人接收到。

其中，我想象力的一次失败表现是，有一段时间，我一直陈腐老套且很公式化地运用语言。被分析者回应说，分析已经好几个星期都没有进展了，但这并不让他担心。从与我一起工作时的体验，以及以前的分析经验中，他知道并不是每一节会谈乃至每一周的分析都会令人觉得重要或有趣。"不过，令我担心的是，我觉得你也并不为此担心。"病人在这个当下的解释不仅准确，而且在他的言语运用中，这个解释传达了之前所缺席的一切。他不仅在告诉我，还在用他的措辞向我展示如何生动地使用语言。对分析中不可避免的停滞期，他"仁慈的宽恕"所流露的轻蔑与傲慢，让我既吃惊又尴尬。

这位病人平时很少说话。因此，在这段相对较长的发言中，他在措辞时留意细节这个行为本身就是一件值得注意的事，它打破了我们一贯的谈话节奏。他发言的结构带有一种戏剧性的张力。在他的话语积蓄能量时，他迫使我等待着：这并不让我担心，但我接下来要指出的关于你的事让我担心。尽管这类带有嘲讽的说话方式常常会显得刺耳，但是我并不觉得病人的言论尖锐。在此情境下，我觉得病人正在试图告诉我一些令他真切地感到害怕，进而令他抓狂的东西。

他的话语令我感到尴尬和惭愧，但更重要的是，我被它们唤醒了。在我的脑海里，"我被抓了个现行／我出丑了"这句话闪过多次。这让我想到一件事，那就是，被分析者家里会定期举行一些"家庭会议"，他的父母（正如他所经历过的那样）会在言语之间玩一些"心理游戏"，从而使正在进行的会议变味。这些言语的目的在于暴露病人缺乏智慧（通过他父亲指出他的用词不当），以及（例如，通过母亲"解释"病人有取代父亲进而成为一家之主的愿望）揭露病人的无意识动机。

我将病人对我的评述部分地理解为：对父母虐待式地使用"洞察力"

这一方式，病人的认同和投射性的认同，后者让我产生了尴尬、曝光和被阉割的感觉。同样重要的是，在我看来，病人的这个解释似乎是在试图让分析重获新生，而他的方式则提醒我（让我自己想到 by creating in me）谈话是可以变质 / 被玷污的，谈话也可以变得不仅无用且具有破坏性。在此情形下，在我看来，最开始我自己的许多解释并不像是在施虐。相反，它们看上去像是一种对分析的模仿，所反映的事实是我并没有感情上在场，而是在用公式化的语言假装在场。在随后的分析中，我开始领会到，我退行到"敷衍分析"的这一方式（反映在我公式化地使用语言上）也代表了一种对施虐 / 自我保护方式的无意识认同，而这种方式正是病人在童年时期戏弄他父母的方式，也是他现在继续戏弄（并保护自己远离）自己无意识的内部客体父母的方式。通过仿造与他们之间的联系，他可以（在无意识的幻想中）变得隐形又不可及，还能诱发他们无济于事的狂怒。在这场分析中，我不自觉地参与了一个无意识主体间构造["分析性第三方"（Ogden 1994a，b）]，在此之中，我一方面体验着自己，另一方面也表现出了种种行为（例如，我使用公式化的语言），而这些行为与病人内部客体关系中遥不可及 / 令人痛苦 / 自我保护的这一方面是一致的。

死板的语言（例如，一成不变、陈腐空泛、过度夸张和威权式的语言）通常反映出，在那一刻，分析师没有用自己的声音、自己的思想和自己的言辞与被分析者交谈。不管问题的源头是教条地依附于某一分析学派的思想，还是像刚刚临床案例中所展示的那样，是不自觉地参演一场移情－反移情戏剧的映照，此时的分析师都几乎失去了他的心智，不能生成想法或者创造存在多种可能意义的语言。用自己的声音创造语言这一行为本身是一种自由，它是让心理变化得以发生的那个分析设置可以创造的必要条件："不应该将这种语言意识上的努力排除在艺术之外。它是生活中非常重要的一部分，它不是理论的叠加，它是进入意识性存在的炽热的努力。"（Lawrence 1919，p.x）我的意思是，分析师必须积极地在语言上努力，以求创造出思想、句子及有自己的声音，并把这些东西表达出来。在很大程度上，这种用自己的言辞、自己的声音传达自身体验的努力，意味着在分析关系中生机勃勃地活着。

用语言创造影响

在本章的最后一节，我将重点介绍语言运用所产生的影响是如何在分析设置中作为无意识经验交流的中心载体起作用的。当然，用语言创造出的效果与使用语言去命名、描述或用其他方式来讲述个人经验是共存的。在提到语言所创造出的效果时，我强调的是语言运用中的一个维度，其中意义／情绪的创造和交流是间接的，即意义／情绪与所说的内容（在语言、语义层面上的内容）相对独立。语言的这类影响总是处在运动之中，总是在发生的过程之中："总是在飞翔，可以说，只有在飞翔时才能瞥见。"（Wm. James 1890，p.253）

威廉·詹姆斯（1890）曾在《心理学原理》一书中极富表现力地描述过，当语言以一种只专注于说了什么而不专注于做了什么的方式被使用时，它是无法传达意义的（尤其是情感意义）。詹姆斯讨论了在我们运用语言时，到底是什么带着我们走向了语言的"名词实体性"（substantives，围绕在句子意思周围的名词往往是有组织的）。情感，尤其是那些未命名的情感（"所有无声的和无名的心理状态"）往往"在'关于'这个客

体或'关于'那个客体的想法"之中迷失，"'关于'这个淡漠的词，用
它单调的发音吞噬了情感所有的精巧特质"（James 1890，p.246）。詹姆
斯认为，用语言捕捉／表达的人类体验，与其说是借助其"名词实体性"
的力量去命名或描述（去陈述"关于"），不如说是间接地借助促成创造
运动感和转换感的属于语言（更精确地说，在语言之中）的那些元素，"某
种朝向其用词运动的关系感"（p.244）。这是语言"及物的部分"（p.243），
"飞翔的地方"（p.243），而这些最能捕捉到感觉的纹理与活力及"思想
涓流"的涌动（p.243）：

　　　　在人类的语言中，没有哪一个连词或介词，也几乎没有哪一个
　　状语短语、句法形式或声调变化，不是在表达我们更大的思维对象
　　（名词实体性）之间的，我们在某些时刻能真切感受到其存在的那些
　　隐约存在的或其他什么东西……（p.246）

为了努力打破以内容为中心的语言使用的局限，詹姆斯建议道：

　　　　我们应该像乐于言说……寒冷感那样，去言说那种并且感，那
　　种倘若感，那种但是感，以及那种经由感。然而我们却没有这么做：
　　我们已经如此根深蒂固地习惯于只承认实体部分存在，以至于语言
　　几乎失去了其他可能的用途。（pp.245-246）

　　因此，詹姆斯试图探索用语言来做其无法言说之事的方法。同样，
在分析设置中，那些超出所说内容的意义／感觉，也是通过在语言中所创
造的影响去创造和传达的。恰恰是分析沟通的这一面向，构成了当下约
瑟夫（1975，1982，1985）和其他克莱因派学者（1952）对移情概念"整

体情境"的阐述和延展的核心。越来越多的人认识到，为了"理解"
（Freud 1923a）被分析者的无意识内部客体世界，我们除了要考虑特定
的"情感防御和客体关系移情"（Klein 1952，p.55），还必须考虑"从过
去到现在的整体情境的移情"。通过这种方式，克莱因开始将我们对移情
理论和技术处理方面的重点，从被移情的内容（詹姆斯的"名词实体性"）
转移到了体现在分析关系之中和被赋予分析关系的移情经验的整体影响。
在很大程度上，这些效果的产生"伴随并超出了"病人遣词造句时"他
所说出的内容"（Joseph 1985，p.447）[1]。

在接下来简短的临床讨论中，我将尝试讨论语言在分析设置中产生
影响的一种方法。

被分析者是一位接近 40 岁的学者。在此之前，她已经与两任分析师
"终止"了关系。（在这两段分析中）分析师都被她激怒，并且告知她，
她是不可被分析的。尽管病人的工作品质得到了其他同事的高度赞赏，
但她却从没因此感到过快乐。音乐和绘画是她生活的激情所在，几乎占
据了她工作之外的所有时间。

病人用她生活中的故事塞满一次又一次的会谈，似乎并不介意我说
得太少。她礼貌地容忍着我所提供的那些解释。然而，当我讲完我不得
不讲的话之后，被分析者似乎会松一口气，因为这样她就可以重新用她
一直在讲的事情"填满我"。她几乎会一字不差地重复她以前告诉过我很
多次的故事。在分析进行到第六个月的一次会谈中，我对病人说，在我

---

1   我认为，作为整体情境的移情（transference as total situation），或许可以被
更准确地理解成"作为整体情境的移情–反移情（transference-countertrans-
ference as total tituation）"。

看来，她一定觉得我没有听她说话，也几乎没记住她告诉过我的任何事情。一如既往地，病人略过了我所说的话，并且重新回到了刚才被我"打断"的陈述之中。

我花了将近一年的时间来理解病人无意识地使用语言的方式。她不是为了与我谈论她正在想什么、感受什么、知觉什么，以及亲身体验什么……而是为了用语言创造一种效果：把自己包裹在纯粹的语音感觉当中。与此同时，这种语言使用方式在我身上所产生的影响（无意识移情–反移情结构中的反移情方面）是让我体验到自己对病人毫无用处、毫无价值。

当我理解移情–反移情的这个维度时（把语言创造出的影响当作理解病人无意识体验的工具），我开始能够限制自己，以成为一个（潜在的）人类媒介，因为这种人类媒介（几乎完全感觉不到）的存在可以让病人进入一种与"自闭状态"相类似的状态（只能感知到她自己说话的声音）当中（Tustin 1984；也可参见 Ogden 1989a，b）。病人之前所有与自闭状态相类似的体验（例如，绘画和听音乐）都是独自完成的。

在分析进行了大概 3 年之后，有一些短暂的迹象表明病人已经开始模糊地意识到了我的存在。例如，在此期间，她以一种具有两面性的方式"赞美"了我卓越的倾听能力。我对这一评价的感受是，病人是在间接地告诉我，她觉得至今为止我说的对她有价值的东西太少了。在我看来，被分析者也在无意识地要求我更加有力地挑战在她那感官主宰的世界中她自我强加的孤独（尽管她很感激我到目前为止都没有打扰她自我安抚的行为）。随着时间的推移，我开始能够向她描述我对她的体验了——她使用语言不是为了与我交谈，事实上也不是为了与我一起活着。我补充说，她把自己淹没在自己说话的声音当中，似乎是为了把自己还原到一系列纯粹的生理感受中。在她的生命历程中，她似乎已经发展出将自已变成一个密闭的组织，以至于几乎湮灭了其中所有的运动和生命。

在对这位病人的分析中，关键的一点是我能够认识到，移情 – 反移情最重要的意义在于，病人使用语言想产生的效果不是去交流、去思考、去创造 / 传达情绪，而是为了生成一种必要的但几乎毫无生机且与外部隔绝的感官媒介。

结　语

如今，精神分析的一个中心任务是持续性地拓展语言的运用，使其能够在某个特定节点上捕捉 / 创造分析师与病人相处时及病人与分析师相处时"存在何种感受"的体验。我的经验是，如果语言运用是为了传达确定性而不是某种倾向，传达知识而不是某种暂定的、不断变化事物的感觉，传达一成不变的而不是某种运动与转化的事物，那么此时病人和分析师的语言已死（思想与交流随之终止）。

精神分析近代史的一个重要部分是，精神分析学家逐渐认识到，语言所创造的效果是一种重要的媒介（"伴随并超出"病人言语所及之处），经此媒介，无意识经验的交流得以发生。

第 8 章

聆听：三首弗罗斯特的诗

约瑟夫·布罗茨基（Joseph Brodsky 1995a）曾把诗歌称为散文的
"伟大训导者"。我想补充一点，诗歌也是分析性倾听的伟大训导者。在
这一章中，我将探讨在弗罗斯特的三首诗中，语言是如何被运用于诗歌
创作的。我的兴趣点不在于一首诗"关于什么"，而在于这首诗是什么。
我将会讨论用语言创造影响的方式，以及在聆听诗歌时，这些影响如何
共同作用，让读者生成了他们（对诗人）的独特体验。

我写这一章纯粹是为了享受阅读和写诗的乐趣，本着这一精神，我也
把它献给读者。本章的写作目的不是让精神分析的阅读者读起来"有用"。
（我会把建立联系的任务完全交由读者，如果有的话，无论他或她倾向于在
听诗的体验与在分析关系中所创造的语言体验之间建立何种联系。）

如若"有用"不是本章的追求，那么读者和我或许会有充分的自由
从中得到什么，或者什么也得不到。诗人 A.R. 埃蒙斯（1968）在他把诗
歌比喻成散步时，给出了比我更好的阐述：

> 你可以问散步有什么用处……散步毫无用处。诗歌也是如此……
> 散步没有任何意义，但又有一种说法是，在某种程度上它意味着你
> 所赋予的任何意义——甚至通常超出你所赋予的……只有无用才能为
> 这么多的有用腾出足够的空间……只有无用才能让散步完全成为它自
> 己。（pp.118-119）

我不会尝试获取正在讨论的语言"背后"的东西，但我会尝试尽可
能深入语言之中，也让语言深入我的内心。我会试着用各种不同的方式
来思考和讲述弗罗斯特的三首诗。我尤其感兴趣的是，这些词汇和句子
的声音与意义所创造出的效果，以及创造出这些效果时语言的运用方式。
换句话说，我将讨论"读这首诗是什么样的感觉"（Brower，引自 Poirier

1992，p.184），以及当我"读出这些诗句"时，这首诗给我带来了什么，我又为这首诗带来了什么（Frost 1962，p.911）。

在谈论诗歌本身之前，我想简要谈谈两个相互关联的主题：自 1963 年弗罗斯特去世后，人们对他的诗歌的看法的改变，以及弗罗斯特诗歌中的念白所带来的理解上的困扰。虽然弗罗斯特作为一名诗人获得了广泛的认可，包括其四次荣获普利策奖，但文学评论家们依旧普遍认为他是一个"草根诗人"，一个与卡尔·桑德堡（Carl Sandberg）和埃德加·李·马斯特斯（Edgar Lee Masters）并肩的文化人物。他们认为，他的名气源于他下里巴人又悦耳易记的诗句（例如，"好栅栏造就好邻居"），这使他的诗歌很容易被大众接受。随着弗罗斯特的出名，他的诗歌的质量的确下降了（Jarrell 1953，Poirier 1977）。在他生命的最后 20 年里，他似乎发展出了一套可反复使用的公式，而这些套路损害了他的诗歌的品质。这也最终导致他被文学评论家们归入了"不那么伟大"的诗人之列。

在过去仅仅四五十年的时间里，评论家、学者和诗人（包括奥登、布罗茨基、希尼、贾雷尔、洛威尔和威尔伯）对弗罗斯特的看法越来越不相同。兰德尔·贾雷尔（1953）是第一批对弗罗斯特进行深入研究的诗人和评论家之一，并写下了《另一个弗罗斯特》（p.26）。在他一段精辟（甚至有点居高临下）的俏皮话中，贾雷尔评论道："普通读者认为弗罗斯特是仍在世的最伟大的诗人，他们对他最佳诗歌的喜爱，与对他最糟糕诗歌的喜爱一样多。"（p.26）贾雷尔提到的"普通读者"既指"普通"大众，也指"普通的"文学评论家和学者。贾雷尔几乎是恳求读者，在摒弃这些诗歌之前先认真地阅读它们："对于这些诗歌，我就算说得再多也无法让你明白它们是什么样子，或者让你明白最值得读的弗罗斯特的诗歌是什么样子；但如果你读了，你就会明白。"（p.27）贾雷尔在他的两篇关于弗罗斯特的文章中总结道：

从诗歌中最可怕、最难以忍受的部分，到它最温柔、最细腻和最充满爱的部分，这两者之间的距离是如此遥远；经过文学处理的幽默、悲伤和沉着的疆域是如此广阔……看到有这么一个人，能依旧包容、联结、令人可理解或令人不可理解——这是最鲜活也最古老的欢乐之一……（ p.26 ）

但在文学圈子里，贾雷尔（他本人在学术界也处在边缘地位）在《另一个弗罗斯特》中对弗罗斯特的"探索"，其影响并不像莱昂内尔 · 特里林（ Lionel Trilling ）在 1959 年形容弗罗斯特是"一个可怕的诗人"那样重大（引自 Brodsky 1995b，pp.224-225）。波尔利尔（1977）对弗罗斯特诗歌的批判性研究和普理查德（1984）对弗罗斯特文学生活的重新考量，是促使读者对弗罗斯特诗歌的解读和他作为一名诗人受到的尊敬得以转变的关键。

我自己对弗罗斯特诗歌的反应与刚刚所描述的转变过程大致类似（尽管发生的时间要晚得多）。我在大学及毕业后几年的时间里阅读了大量弗罗斯特的诗歌，但我并没有被读到的东西所吸引。诗歌的独白口吻（当我回头看时）似乎呈现出一种非常清晰的叙述，以至于作为一名读者，我似乎没什么可做的。我更喜欢像艾略特、庞德、华莱士 · 史蒂文斯、玛丽安 · 摩尔和威廉 · 卡洛斯 · 威廉姆斯这样"费解的"现代诗人。在艾略特的文辞感觉上，弗罗斯特不算一位"费解的"诗人[1]；他的诗歌不

---

1 在弗罗斯特作为诗人的成熟期及之后10年左右的时间里，艾略特关于诗歌的看法在文学圈和学术界拥有巨大的影响力。以下这段摘自艾略特（1921）的随笔《玄学派诗人》，与那几十年来的流行风尚有很大的关系："……看上去在我们的文明中，也正如现在的状况一样，诗人必然是费解的……诗人必须越来越涉猎广泛、越来越隐晦、越来越闪烁其词，以便在必要的时候强行把语言塞进他的意义里。"（ p.248 ）

会通过不连贯或缺失的叙述、支离破碎的画面、晦涩的文学典故等方式来进行错位。然而，弗罗斯特的诗又的确是费解的，但费解的方式与艾略特、庞德等人的诗歌截然不同。他的诗歌之所以费解，在很大程度上是因为他们"提到的公式不会形成公式——几乎是却又不完全是公式。我愿如此的微妙……以至于在一般读者看来这一切是如此显而易见"（Frost 1917）。

在弗罗斯特（1942b）的诗歌《它的大部分》（在早期的手稿里，标题是《充分利用它》）里，一个人朝着湖对面呼喊，哀叹自然只会发出"嘲弄的回声"，却拒绝回馈以"相对应的爱"。那个人继续往湖对面眺望，

一头巨鹿威风凛凛地出现，	As a great buck it powerfully appeared,
让被弄皱的一湖清水朝上汹涌，	Pushing the crumpled water up ahead,
上岸时则像一道瀑布向下倾泻，	And landed pouring like a waterfall,
然后迈蹄跌跌撞撞地穿过乱石，	And stumbled through the rocks with horny tread,
闯进灌木丛——而那就是一切。	And forced the underbrush—and that was all.
	（p.307）[1]

---

1 此为曹明伦的译本，《弗罗斯特集：诗全集、散文和戏剧作品》，辽宁教育出版社，2002年，第308页。此处我们保留了英文，中文仅供读者参考。
　　——译者注

读弗罗斯特时，我遇到的最"费解"的部分反映在这首诗的最后六个字里，"而那就是一切（and that was all）"。弗罗斯特的诗活在"而那就是一切"的境界里，且仿佛在对抗着我们生成（对诗、世界、我们的人生）比"那"更多意义的努力。但"那"又是什么？起初，"而那就是一切"像是诗人对人类与自然关系睿智、冷静与务实的洞察：回声便是回声，巨鹿便是巨鹿，不多也不少。但若仔细审视，这些貌似智慧的东西，却越来越像一句相当普通且不言自明的陈述（马便是马），它嘲弄着我们，就像回声嘲弄着诗中的那个人。有趣的是，在这首诗的结尾处，有一个新的声音从缄默中毫无征兆地（紧随破折号）出现在了这首二十行诗的最末端，如同巨鹿毫无征兆地从湖中出现一样。读者，仿若诗中的那个人，禁不住地希望这首诗能"与他对话"，尝试着让"而那就是一切"变成一句难以忘怀又简单明了的真理，以便将其打包带回家。但诗歌中的巨鹿又并非指代巨鹿本身；它是诗歌所创造的巨鹿。它是一头"推开湖面波澜昂首向前"的巨鹿，上岸后"像一道瀑布向下倾泻"的巨鹿。它不是一头在大自然中"随处可见"的巨鹿，而是一头在诗句中通过"新造"词语和富于想象力的隐喻之声所创造的巨鹿。

在这首诗歌中，最后出现的那个声音，是讽刺的、诙谐的且相当超然的，就像这头巨鹿，仅出现片刻，便忽而消失于灌木丛中。这是一个不会被压制的声音；它只匆匆一瞥，永远不会被占有（被熟悉）。正是这种声音的飘忽不定和微妙，在很大程度上使弗罗斯特的诗如此费解、如此有趣、如此生动且鲜活，却又这样有些触不可及。

现在，我将转向弗罗斯特的三首诗歌，《锦帐》《家庭墓地》和《我可以把一切献给时间》。我选择这三首是因为我非常喜欢它们，喜欢的原因都不同，但每一首都并非喜欢它的全部。每一首都有其生机时刻和单调时刻；对我来说，每首诗最有活力的部分也会随着时间的变化而变化。

（重要的是，在抵达我后面的讨论之前，读者们最好大声地朗读几遍这些诗，因为这些诗歌存在于它们的文字发音之中，也存在于我们念出时的唇舌感觉里。）

第一首诗

《锦帐》（1942c）首次发表在弗罗斯特的诗集《见证树》中。该卷诗集的名字取自一棵树干上刻了（代表见证了）标记的界桩树，而这棵树也是"吾生也有涯的证明（My proof of being not unbounded）"（Frost 1942d，p.301）。[1]

锦帐	The Silken Tent
她似那旷野中的绸缎锦帐 亭午时分，夏风习习 露珠拂干，丝带根根柔和，	She is as in a field a silken tent At midday when a summer breeze Has dried the dew and all its ropes relent,

---

1　这行诗歌取自诗集《见证树》第一首诗《山毛榉》的倒数第四行。在勘查新移居的土地时，人们会剥去地界处树上的树皮，并刻上标记作为界桩，这种界桩树便被称为"见证树"。在曹明伦的译本里，此诗名为《丝质帐篷》，第417页。同样，此处我们依据奥格登的文本重新翻译，保留了英文，中文仅供读者参考。——译者注

轻握丝带，自由自在，轻柔徜徉，	So that in guys it gently sways at ease,
与那中心支撑的雪松杉木，	And its supporting central cedar pole,
是伸往天国的尖顶	That is its pinnacle to heavenward
象征灵魂的确信，	And signifies the sureness of the soul,
看似孑然一身，无所记挂，	Seems to owe naught to any single cord,
悠然无所引，又于乾坤经纬	But strictly held by none, is loosely bound
千思万爱的丝质纽带间	By countless silken ties of love and thought
松散相连，	To everything on earth the compass round,
唯有无常夏日气息里	And only by one's going slightly taut
那一丝细微缠结	In the capriciousness of summer air
可辨这微不能察的绑缚。	Is of the slightest bondage made aware.

弗罗斯特（1923）认为诗歌是"已成契约的词句"（p.701）。《锦帐》之所以成功成为一种"契约"，是因为其本身变成了体验，而不仅仅是对情绪或体验的描写。首句，"她似那旷野中的绸缎锦帐"，被比作绸缎锦帐的不是"她"，而是"她似"（一种更鲜活的存在，更多是动词而非代

词）。倘若弗罗斯特用"她像"而不是"她似"作为开场，那这首诗该有多么的不同。"似"本身是一个更轻盈的词，比"像"少了棱角，进而产生了一个更柔和的比喻。在开场的第一个字之后，"她"这个字便再也不曾出现，而是一直悬停在诗行之上，也悬停在整首诗的上方。

在描绘锦帐的过程中，诗人对其统一性和完整性的优美刻画远不及读者对这首诗的感官体验，而这种体验又仅由一个绵延不断的句子编织而成。这首诗一直未曾停歇：在刚柔并济、张弛有度的演绎里不断运动。开头的四行，我们感受着这些词汇［比如，"So that in guys it gently sways at ease（轻握丝带，自由自在，轻柔徜徉）"］和缓的"s"尾音，它们轻柔而坚定地嵌在十四行诗的韵律、节奏和押韵模式的紧凑结构中。即便在第三行只有两个词"ropes relent（根根柔和）"的空间里，读者都可以体验到"ropes（根根）"这个词的硬度与密度有一点让步，但也仅仅是微微让步给了一个更宽厚的双音节词"relent（柔和）"，而"relent"拥有和缓的"l"发音和稍稍圆润的"t"发音。

这首诗由开头四行转向随后三行时，字词的发音和节奏有了变化（情绪也有了些许转变）。第五行［"And its supporting central cedar pole（与那中心支撑的雪松杉木）"］要求我们在每个词之间停顿，似乎在将词语和发音"排列成行"。如若不在"supporting（支撑）""central（中心）"和"cedar（雪松杉木）"之间停顿，便不可能念出"And its supporting central cedar pole（与那中心支撑的雪松杉木）"这行诗。（与此同时，这三个词的头韵依旧轻柔地联系在一起。）一种"垂直"感被创造了出来，与前述诗行的"水平"摇摆运动形成了鲜明对比。

第六、第七行诗的语气近乎虔诚。杉木的尖梢暗喻教堂向上延伸的尖顶（一个小顶点）。诗歌似乎在此处扩展了（以一种我觉得有点无趣的方式），因为它超越了个人，延伸到了宇宙。尽管这首诗呈现出了这种准宗教的延展感，但中央杉木的桅杆从里面穿透柔软织物的画面，透着一股极其微妙确认无误的性意味。

在诗歌的中段，锦帐拥有了自己的生命。我们几乎不记得锦帐"仅仅是比喻而已"，一个用以形容"她似"什么的比喻。在"千思万爱的丝质纽带间（silken ties of love and thought）"这个短语中，诗歌玩笑似的围绕着它自身打转，用人类的情感与能力暗喻客体（这个锦帐）的运动和构造，而这颠倒之后又是对人类本质的一个明喻。通过这种方式，锦帐的形象像是被松散相连的牵引绳"拉回来了"似的。于我而言，"千思万爱的丝质纽带间／松散相连（loosely bound/ By countless silken ties of love and thought）"这句产生效果的那刻，是这首诗最有趣也最重要的时刻。"思（thought）"这个字有点出乎意料，它让这一行和下一行免于落入标准诗歌形式的俗套。"思"比更富诗意的"爱（love）"更能使锦帐这个比喻充满人情味。"思"更丰盛，不仅能唤起某种深思熟虑感，还能唤起心灵的生机状态。心灵的生机不仅仅是命名而已，它表现在遣词造句之间的生机里，表现在意象和隐喻彼此优雅愉悦缱绻缠绕的活力里，也表现在演绎、见证和体验完美运用语言这一壮举的巨大欢愉中。

这首诗是这样结尾的，

> 唯有无常夏日气息里
> 那一丝细微缠结
> 可辨这微不能察的绑缚。

在这里，"她似"什么是由"那（one's）"这个词的模糊性来维系的，因为"那"既可以指代牵引绳（cord），又可以指代某个人的情感。当我们感受到自己的呼吸承载着这首诗的最后一个音节时，我们的身体能体验到空气的轻盈，那是被"aware（觉察）"这个柔软的词轻柔蕴含着的空气（air，与 aware 的尾音"-are"发音相同）。

《锦帐》是一首优美精巧的情诗。但它也是一首奇怪的情诗，只因"她"，这个心中所爱，被锦帐如此迅速又彻底地取代了，以至于有时我们会忘掉她，但我们的遗忘似乎又并不打紧。我觉得之所以如此，是因为在某种重要意义上，"她"就是这首诗，或者更准确地说，"她就是"（她已经成为）创作诗歌的体验。我问自己，如果我收到了这首情诗会有什么样的感觉，我的第一反应通常是，我更愿成为它的作者而不是接收者。对我来说，这首诗在刻画诗歌爱的本源（"灵魂"）这方面，做得比刻画对某人爱的体验或对觉察自然之美的爱的体验更好。微妙的张力既是这首诗的主题，也是这首诗的生命，它是一种位于诗歌自身中心的张力——在激情与克制，延展与界限，显露与隐匿，简单与复杂，浅显与深奥，说出、未说出与婉转暗示之间永远悬而未决的"牵引"。

这首诗将文字和对诗歌的爱之体验变得如空气般轻盈，但它所做的还远不止这些。它营造出了一种体验的时序性。并且从一开始，它的语言和意象就在温柔又坚定地暗示着对这种时序性的觉察。那顶帐篷是一顶绸缎锦帐，一件精致的织物，在"亭午时分"，受制于"无常夏日气息"（这也许是对无常的人类情感的一种隐喻）。体验（人的体验、对美的感知体验、诗的体验等）不可能静止，也永远不会重复。诗人（或诗歌的读者）不知道自己能否再写出下一首好诗，或让一首诗深深地打动自己。这一觉察是诗歌语言与爱的体验之结构所不可分割的一部分。在最后一行的最后几句话中，"绑缚（bondage）"这个词似乎比前面用于指代约束元素的词——"丝带（guys）""维持（held）""限制（bound）""纽带（ties）""缠结（taut）"——要更黑暗，也更沉重。"绑缚"，即便在短语中创造着一种微妙轻盈感，也好像在提醒着一个不祥的声音：激情既是自由，也是奴役。弗罗斯特很清楚，诗人创作诗歌的激情是他的牢笼（在某种极其不浪漫的意义上），但也是他至关重要的核心。

第二首诗

在美国诗歌中，弗罗斯特（1914b）的《家庭墓地》可能是以诗句韵律努力捕捉人们交谈之声的感觉最成功的一首。真实对话的文字记录只能捕捉对话的内容，因此也只能传递在场的倾听与观看感受中很小的一部分。尝试在诗歌中描写对话，诗人主要是为了在言语本身这一行动中努力捕捉其对话里鲜活的声音和体验。弗罗斯特（1913）认为，对话的生命力在于它的声音，"感官的声音"："切断文字声音的那扇门背后，是获取感官的抽象（纯粹）之声的最佳场所。"（p.80）为了达到这种效果，这些句子必须"像两个或两个以上的人在戏剧中那样交谈"（Frost 1936，p.427）。这样一来，这首诗就不仅仅是一段对话的呈现，而是一段对话本身了。

《家庭墓地》是弗罗斯特的一首长诗，所以我会将注意力只放在这首诗的开头。在这首诗中，有一对夫妇，他们的第一个孩子被埋葬在了房屋旁的一小块墓地里，而他们也在为孩子的死而挣扎。

家庭墓地

Home Burial

在她看见他之前

He saw her from the bottom of the stairs

他在楼底先望见了她。她正欲拾步而下，

Before she saw him. She was starting down,

越过肩头，回望到些许害怕。

Looking back over her shoulder at some fear.

她迟疑迈步，又收回

She took a doubtful step and then undid it

踮起脚尖，再次回望。他向她走来

To raise herself and look again. He spoke

开口道："你在那上面

Advancing toward her: ' What is it you see

看什么，一直以来——因为我想了解。"

From up there always—for I want to know. '

听闻此言，她转身，跌坐裙上，

She turned and sank upon her skirts at that,

神情由害怕转为呆茫。

And her face changed from terrified to dull.

为了争取时间，他说："你看到了什么，"

He said to gain time: ' What is it you see, '

攀爬楼梯，直到她蜷缩在他脚下。

Mounting until she cowered under him.

"我会知道的——你得告诉我，亲爱的。"

' I will find out now—you must tell me, dear. '

她僵立在原地，拒绝给他任何帮助 极轻地梗着脖子，一言不发。	She, in her place, refused him any help With the least stiffening of her neck and silence.
她任由他看，心中确认他什么也 不会看见， 眼盲的家伙；好一阵子了，他的 确什么也没有看见。 但终于他还是喃喃道，"噢"， 再一次，"噢。" "是什么——什么？"她问。 "我看见了。"	She let him look, sure that he wouldn't see, Blind creature; and awhile he didn't see. But at last he murmured, 'Oh,' and again, 'Oh.' 'What is it—what?' she said. 'Just that I see.'

这首诗的开头简单却震撼，因为在文字的声音和运动中，产生了两人之间复杂关系的实质：

> 在她看见他之前
> 他在楼底先望见了她。她正欲拾步而下，
> 越过肩头，回望到些许害怕。

每一次读这首诗时，第一行总令我感到困惑和不安。当我读到"在她看见他之前/他在楼底先望见了她"这句话时，我的迷失感是如此强烈，以至于我常常停下来，重新开始，试图让语言和画面静止不动。我对自己说，在这个场景里，有三个人：一个男人，一个女人，还有一个讲述者。但我无法在脑海中看见他们。是谁？又在哪里？看见就是一切（"他

望见她……她看见他"），然而，读者拼命去看却没能成功，像是透过昏暗的灯光窥视一般。

短语"她正欲拾步而下（She was starting down）"在文字发音的词序与音高上有着一种向前和向下的起伏运动，这种运动来自"she"本身的"e"长音向"down"这个词共振低音的转换。但接下来的一行，"越过肩头，回望到些许害怕（Looking back over her shoulder at some fear）"，把一个相反方向的运动叠加了上来，从而创造了一种向前向后、向上向下、向未来向过去运动的扭曲景象。"些许害怕（some fear）"这几个字在开头的三行中很显眼。

"害怕（fear）"这个词是出人意料的["从它惯用的地方……'被牵强挪用'（Frost 1918，p.696）"[1]]，因为我们很少会觉得自己在回望时，能看到一些类似于害怕、希望或欢乐这样抽象的东西。用"些许（some）"作为修饰语会大大增强这种效果，因为这个词并没有告诉我们更多关于害怕的信息，反而在通过拒绝给它命名甚至拒绝描述它的方式，来阻挡我们的视线。

这首诗仍在继续，

她迟疑迈步，又收回
踮起脚尖，再次回望。

1　弗罗斯特于1918年在布朗及尼科尔斯中学的演讲中提到，打招呼时我们通常会说，"早上好，过得怎么样？"但是以"你满意了吗？"打招呼，就是一种牵强挪用，像这两个人有些恩怨似的。在这首诗里则是指把"些许害怕"这个短语用在了它不常被使用的位置上。——译者注

　　在这几句的第一行中，五步抑扬格[1]的抑扬顿挫规律发生了微妙的变化。它通过在这行末尾加入一个额外的非重读音节，创造了"doubtful step（迟疑步伐）"这种文字声韵效果。通过这种方式，当某人念出这句诗时，他能在自己的声音中听到并感受到一种"从句子末端跌落"的感觉。[2]此外，在"她迟疑迈步，又收回"这句中还有着一种暗讽。虽然没有明说，但隐含着这样一种认识（毫无掩饰地框定了整首诗）：尽管脚步可以收回，行动可以复议，但一切都已完成。

> 他向她走来
> 开口道："你在那上面
> 看什么，一直以来——因为我想了解。"

　　读者也在走向她：我们"听着"丈夫所说的话，他用自己的声音和语言说着"你看到的是什么"，从而创造了一种电影运动效果，从一个更遥远的视角到一个特写镜头。当我们念出"always（一直以来）"这个词时，我们可以听到并感觉到口中话音的拉长，这与前8个单音节词的紧张断奏效果形成了对比。"always（一直以来）"这个词捕捉到了正在发生事物的永恒（而非简单的重复）感。试想，如果这行诗读作："你一直以来在那上面看什么？（What is it you always see from up there？）"会

1　五步抑扬格是一种诗的韵律，每行有5个"韵脚"（韵律单位），每个韵脚由一个非重读音节和一个紧随其后的重读音节组成。弗罗斯特（1939）经常说，英语（不像法语、俄语或其他任何语言）"实际上只有两种（韵律），严格抑扬格和松散抑扬格"（P.776）。

2　我要感谢诗人爱丽丝·琼斯（Alice Jones），她教会了我一些关于诗歌韵律的知识，也教会了我对诗歌的热情。

有什么不同。将"always（一直以来）"放在这个短语的尽头，位于破折号所创造的长时间停顿之前，能让这个词的声音回响，然后消逝在之后的停顿中。就好像"always（一直以来）"的声响一直在这所房子巨大空洞的死寂里回响，而这对夫妻再也无法填满这种空洞。

"一直以来"的用法和"些许害怕"一样出乎读者的意料，但这里还有另一种感觉，丈夫也没料到会从自己的嘴里蹦出这个词。在说出这个词之后，他停顿了一下，仿佛正试图消化从口中之声听到的巨大悲伤。"一直以来"之后的沉默变成了接下来的话语："因为我想了解（For I want to know）。"读者（而且我们想象，这位丈夫也）已经预料到会在这些话里听到一种急切又不耐烦的要求。诗行间断后的这些话像是条件反射般说出的，仿佛是某种已不复存在的精神状态的遗留物。丈夫听到了"一直以来"这几个字在寂静虚空（空荡的房子）里回荡的声音，于是现在不由自主地用这些条件反射般的词句去表达比他（或读者）所能预料到的更为复杂的感情。现在看来，"因为我想了解（For I want to know）"这句话似乎反映出，尽管丈夫在不断追问，但他已经开始感觉到他并不想知道，而且在某种程度上已经"知道了"的事实。["know（了解）"这个词的发音，用一种极度浓缩的方式捕捉到了一种令人恐惧的反对，"No（不）"，而这个拒绝则活在这首诗渴望了解（know）的最深处[1]。]

听闻此言，她转身，跌坐裙上，

1　"Know（知道）"和"No（不）"同音，弗罗斯特在同一种发音里容纳了彼此意义相反的两个词。中文翻译为"了解"是因为"了解"与"了结"发音相似，这样就能同时表达"想知道"和"想结束"这两种相反的意思了。——译者注

神情由害怕转为呆茫。

　　妻子的沉默和身体动作，充分且有力地表现出她已陷入了悲惨的绝望。这里的语言单调乏味。因为它是描述性的，它只是告诉我们正在发生的事情"涉及"什么，而不是像听到丈夫话音中所发生之事时那样更直接、生动的体验。

　　为了争取时间，他说："你看到了什么，"
　　攀爬楼梯，直到她蜷缩在他脚下。

　　这几句里最有趣、最生动的表达是连接短语"to gain time（为了争取时间）"。这个短语创造了一个人同时身处两地的感觉：丈夫前面的他自己和后面的他自己，他已经以某种难以言明的方式"了解"到了他即将问出的那个问题的答案，但需要时间去尝试用另一种方式"了解"。也就是说，以某种方式去命名、去抗争一件他已经了解到的事。他和他的妻子、孩子被困在了"一直以来"的世界当中，但颇具讽刺意味的是，在这样的世界中，他永远无法"争取"到时间。
　　在这两句的第二行里，"攀登（Mounting）"和"蜷缩（cowered）"暗示了一种颠覆性的交流，即两人都拒绝从对方身上体验到"人性的东西"（从诗的中间选用一个短语）。这首诗的名字"家庭墓地"，随着诗的展开有了更丰富的含义，包括在此刻，这已不仅是一场在家中举行的葬礼，也是一个家、一个家庭、一段婚姻的葬礼。这是一场"可怕的"葬礼，因为丈夫和妻子都已经（在某种意义上，也是我们正在语言中体验着的）被活埋了。（在标题的文字游戏中有一种冷酷的幽默，它反映了这首诗中那个旁白之音公正、无偏私的令人不安的超然特质。）

丈夫重复了他的问题，这已不再是一个问题了，而是一个要求，要求妻子命名他已经"了解"到的东西，但又不能承受命名给自己所带来的愈发真实的感觉。

> "我会知道的——你得告诉我，亲爱的。"

"亲爱的"这个词听起来是如此空洞，令人不寒而栗。在整首超过一百二十行的无韵诗中，只出现了一个行尾词的硬押韵（除了一个本身押韵的词）。而这唯一的例子，就是这一行出现的押韵词"dear（亲爱的）"与差不多十几行之前的"fear（害怕）"。通过这种方式，这首诗巧妙地用言语表现出这对夫妇彼此之间的所作所为：他们曾一度感受到的爱（"亲爱的"）被正在吞噬着他们的恐惧感感染（连接上）了。

> 她僵立在原地，拒绝给他任何帮助
> 极轻地梗着脖子，一言不发。

"in her place（僵立在原地）"是一个古怪的短语，这三个单音节词成功创造了一种感觉，即丈夫和妻子都各自占据（或者更确切地说，被占据）了一个，由"一直以来（always）"这种感觉所支配的一个动弹不得的位置。我经常被短句"极轻地梗着脖子（the least stiffening of her neck）"中的"极轻（least）"这个词搞得猝不及防。

这个词（就像这首诗里发生的几乎所有事情一样）仿佛是在跟它自己作对。妻子拒绝帮助她的丈夫（或她自己），即便是她最轻微梗住的脖子都在传达着这一点（她的拒绝藏在她身体的每一寸肌理之间）；但与此同时，她的拒绝仍留有余地，因为她仅仅是极轻微地梗住了脖子。

> 她任由他看，心中确认他什么也不会看见，
>
> 眼盲的家伙；好一阵子了，他的确什么也没有看见。

当妻子的声音烧穿了那个超然的旁白之音时，"眼盲的家伙"这几个字获得了额外的力量。一个分号紧跟在充满仇恨的字眼"眼盲的家伙"之后。它创造了另一种沉默。在这个沉默里，我们与妻子一同在她不耐烦和跺脚的愤怒中等待，也与丈夫一同在他痛苦的挣扎中等待。（沉默——言语之间的空白——在这首诗中至少与言语本身一样传神。）

"些许害怕"这几个字含混不清的意义也在变得丰富。从这几行诗中可以读出，当妻子越过自己肩头回望时，与其说她正在经历着孩子的死亡，不如说她看到了自己经历这一丧失的害怕。尽管她凝视的目光"一直以来"都落在那个坟茔上，但是，她和丈夫一样，并不能看到坟茔（也就是说，她能够体验到它，承认它的真实性和已成定局，并为之悲伤）。"眼盲的家伙"这个称呼有一个微妙的模糊之处。它不仅指丈夫不能"看见"的（感官上的）非人性，也指妻子对丈夫（和她自己）备受折磨地尝试去哀悼的非人性之失明。

> 但终于他还是喃喃道，"噢"，再一次，"噢。"
>
> "是什么——什么？"她问。
>
> "我看见了。"

在这几行诗中，值得去注意第一行的节奏。当丈夫"终于（at last）"喃喃地说出"'噢'，再一次'噢'（'Oh,' and again,'Oh.'）"时，这些话（借助于四个单词间三个逗号和一个句号所产生的停顿与沉默）的速度慢得令人痛苦。这些声音是一种不由自主的痛苦呻吟。前一

行中的"家伙（creature）"这个词现在几乎不加掩饰地呈现出一种令人惊讶的柔软，因为我们听到的这个声音像是来自一只受伤的困兽（家伙）。第二行加快了节奏，因为这句话带上了妻子苦涩、尖锐、僵硬的声音（"是什么——什么？"她问）。然后，这首诗又慢了下来，几乎停滞，因为"我看见了（Just that I see）"这句话的节奏体现出丈夫对他"一直以来"知道但拒绝对自己或妻子说出（直认不讳）之物，痛苦却又依然非常有所保留的承认。

这几行通过它的韵律和空间，言说了一些整首诗都未言说的事。五步抑扬格诗歌中的单行诗（"是什么——什么？"她问。／"我看见了。"）在纸上被（粗暴地）分成了两行。这样，读者就可以在诗行的空间结构里"看到"丈夫和妻子都无法看到的东西。如同这首五步抑扬格诗歌的单一诗行一样，这对夫妻在他们的悲伤与恐惧里都是各自单一的个体；同时，这对分裂的夫妻，也像在空间上被切断（并组成向下的阶梯）、在韵律上被打乱节奏的诗行。

从上述关于《家庭墓地》开篇的讨论中可以清楚地看出，有两个平凡的词和一个同样平凡的短语对这篇段落的成功起到了至关重要的作用。用"些许（some）"这个词来形容害怕有一股巨大的力量，它不仅捕捉到了熟悉之物的深度与神秘，还用语言生动地表现了看见与了解之间的挣扎。"为了争取时间（to gain time）"这个短语，以一种高度浓缩的方式表现出一个人跌跌撞撞地走到前面却又落在后面的体验，也传递出一种尝试（而且并不情愿）给某一感受、知觉和事件赋予言语和名称的体验，因为他害怕这种赋予会使它们变得真实和不可改变而难以忍受。在我看来，这三者中最有趣也最令人动容的是"always（一直以来）"这个词的使用（在随后的寂静虚空中回荡，然后消逝）。它创造了一种永恒的体验，其中没有过去也没有未来，只有"always（一直以来）"的感觉。

整段开篇似乎是从"一直以来"这个词向前向后展开的，这些诗行环绕着这个词，仿佛车轮围绕轮毂旋转一般。这些平凡的词在语言中创造了非凡的效果。"没有任何（语言）形式比那些被我们抛弃的次要形式更引人入胜、更令人欣慰、更回味绵长，像吐出的烟圈一样……"（Frost 1935，p.740）大约一百行之后，整首诗以一个破折号（而不是一个句号）结尾，从而创造了一种感觉，这首诗陷入了无尽的时空之中，三个声音（来自丈夫、妻子和旁白）"一直以来（always）"都在那儿回响。

第三首诗

　　《我可以把一切献给时间》（Frost 1942e）在弗罗斯特 68 岁时首次发表。这首诗的最后一节似乎把它从一首好诗转变成了一首伟大的诗。

我可以把一切献给时间	I Could Give All to Time
时间，他似乎从未勇敢地	To time it never seems that he is brave
傲立于雪峰之巅	To set himself against the peaks of snow
让雪峰匍匐似奔腾波浪，	To lay them level with the running wave,
当雪峰倾躺，他亦不曾狂喜，	Nor is he overjoyed when they lie low,

只是肃穆的，肃穆与冥想。	But only grave, contemplative and grave.
如今的陆地终将化为海岛，	What now is inland shall be ocean isle,
沉没暗礁四周嬉闹的漩涡	Then eddies playing round a sunken reef
像微笑嘴角的弯弧；	Like the curl at the corner of a smile;
而我愿与时间分享这无悲无喜	And I could share Time's lack of joy or grief
面对这翻天覆地的风格更替。	At such a planetary change of style.
我可以把一切献给时间，除了——除了	I could give all to Time except —except
我自己所持有的。但为何要申报	What I myself have held. But why declare
在海关打盹之时，我已过了安检	The things forbidden that while the Customs slept
所携带的那些违禁品？因为我在那儿，	I have crossed to Safety with? For I am There,
我亦不会舍弃我所保有的。	And what I would not part with I have kept.

　　这首诗明显是通过标题开启的，其中讲述者表面上把自己献给了时间，但"可以"这个词附着条件，在某种程度上留下了类似于"如果什么？""在什么情况下？"这样的问题。在第一节中，作者对时间进行了扭曲的拟人化，并对时间压倒"雪峰"的力量表达了"赞颂"。这里有一

个有趣的问题是，讲述者是谁？也就是说，讲述者的立场和他所说的话之间有什么关系？讲述者的声音里带有一种既讽刺又漠然的气质。在这一节第一行的末尾，"勇敢"一词有着一种幽默且近乎居高临下的气质；这个词放在这儿，听上去有点像父母祝贺孩子没有在牙医诊室里哭泣一样。这节最后一行的双关语"grave（肃穆）[1]"给人一种故意为之的沉重感，尤其当它重复出现"以防读者第一次没读懂"的时候。

第二节前三行的声音少了些疏离的味道。这个比喻将"沉没暗礁四周嬉闹的漩涡"比作"微笑嘴角的弯弧"，唤起了对时间的侵蚀力量的一种茫然接受的感觉，甚至包含对时间在不经意间流逝时可能创造出的美好的感谢。但是，在这一节的最后两行中，当讲述者用"与时间分享这无悲无喜"来回应"翻天覆地的风格更替"时，那异想天开的语气仿佛带着一丝冷笑的锋利。因为它在事实层面存在着一个无聊的讽刺，即不论某人是否与时间分享他的"无悲无喜"，时间都会去做它想做的。于是，此刻我们仍不清楚这首诗是否志在成为一个超越聪慧和精巧的作品。

最后一节以"我可以把一切献给时间"开头，让我们（第三次）回到了"可以"这个词有趣的模糊当中。它从一开始就像一个不果决的音乐和弦，悬在这首诗之上。在"除了——除了（except-except）"这两个词之间（时间和位置）的空隙里，这首诗似乎随着讲述者（及读者）情感充盈的发言，而从爆裂的感觉与声音中"破裂开来"。在这一行最后一个词之前出现的隔断创造了一种效果：第二个"除了（except）"似乎已经从它与前文所有的联系中解脱了出来，流畅又有力地从本行的边缘倾泻而下，进入了本节的第二行。这样一来，在经过长时间的禁锢之后，语

1　grave兼有肃穆和坟墓的意思。——译者注

言本身的运动里就存在了一种边界处的溢出感。（最后一节前三行的每一个跨行连续[1]都有助于营造出一种强烈的向前运动感。）

与前两节相比，最后一节前一行半的语气带着一种坚定（甚至可能是暗自愉悦）的反抗。被时间保留的不仅是"我所持有的"而且是"我自己所持有的"。"持有"这个词把说话的声音不偏不倚地定位在了感觉和可触及之物、之人的物理世界当中（而且通过隐喻的延伸，这个世界充满了强烈的情绪、感受、观念和信仰）。某个人热情地宣告着对他来说最神圣的东西，而这个讲述之声便来自这里。在这一刻，我们在诗歌中早已远离了由"翻天覆地的风格更替"这些词所传达的颇为冷漠的宇宙哲学讽刺。

在弗罗斯特的诗歌中，充满激情的第一人称声音是很罕见的。他通常羞于这样的表达，转而在激情中混入讽刺与机智（如本诗的开头两节）。这首诗本身就是一种冒险，诗人冒险地以一种（在反讽、机智、模棱两可或其他保护伞之外）充满激情的第一人称声音讲述；这首诗也很容易沦落到为赋新词强说愁和自我夸耀的境地。（很少有诗人像弗罗斯特在他全盛时期那样，如此勤勉地防范着这种倾向。）

这首诗并不"关于"对最神圣之物的持有，甚至也不是"关于"持有神圣之物的感受。这首诗本身就是最神圣的持有。让诗歌变得如此神圣的地方表现在"念出"这些诗行的体验中。

不然还能是什么呢？神圣的是诗歌，而不是诗歌的描写。

声音的"破裂"，以及允许在讲述者第一人称的声音中听到和感受到激情所冒的风险，为下面这个优雅的隐喻奠定了基础：

1　"跨行连续"是指诗行前一句的末尾延续不停顿地进入下一行。

但为何要申报
在海关打盹之时，我已过了安检
所携带的那些违禁品？因为我在那儿，
我亦不会舍弃我所保有的。

最后一节的抒情方式（在它"破裂开来"之后）允许我们体验"我自己所持有的"。在讲述者整个生命历程中，被时间所保留下来的，始终保持鲜活而无视岁月和丧失之"侵蚀"影响（在前两节中讽刺地暗示过）的，是诗歌创作。在这一点上，前两节诗中那讽刺、超然的语气被回溯性地转变了些许，变成了一种虚张声势的体验，掩盖了讲述者对生命中失去之物所感受到的悲伤。

在最后一节中，时间（岁月）的意象也从（略带陈腐的）拟人化的山峰的水平校准仪，转变成了当讲述者悄声携带对他来说最重要之物通关时，那个熟睡的海关官员。这个意象不仅不那么抽象，还很独特，在文辞乐音的节奏中，一个个人化的创造形象鲜活着，也呼吸着。

例如，在最后一节的第三行中，有一个额外的非重读音节减缓了诗的节奏，这有助于在语言中创造出一种紧张感和危机感。因为，这个隐喻中的人物正悄悄地从熟睡的海关官员身边溜走。在下一行中，这句话别扭地以介词结尾："I have crossed to safety with.（我已过了安检。）"这些文字的语速并不完美，但有助于创造出一种（平凡又无比强大的）个人时间感，从而取代占据了前两节的非个人的时间。时间，极其个人化的时间，在最后一节的语言中被创造出来了，那是我们努力维持真实地存活于世的时间，而不是简单活着的时间。虽然，在这首诗中，时间无法被击败。但是，这首诗的节奏和韵律本身证明了，当用时间创作出音乐、诗歌、演讲的节奏或某种生命成长的节奏时，一首诗、一名诗人、一位诗歌的读者或许都可以"用时间做些什么"。

借用威廉·詹姆斯（1890，pp.245-246）的话，最后一节的开头部分可能被视作对"但是感（feeling of but）"（但为何要申报违禁品）的创作 / 表达，在这首诗的最后几行变成了一种"因为感（feeling of for）"和一种"携同感（feeling of with）"。

因为我在那儿，
我亦不会舍弃我所保有的。

这首诗最后几行所创造出的"with（携同）"感，比之前的那些要安静得多。在这里，有一种感觉是，随着讲述者年龄的增长（以及正在阅读这首诗时），他失去了很多东西，但并非所有："我亦不会舍弃我所保有的。"这种"携同感"中有一种平静的意味，但又与时间紧密相连，而不是在与时间的对抗中战胜了时间。面对时间，永无凯旋之日。

我讨论的这三首弗罗斯特的诗歌，在它们的形式和所涉及的人性体验方面，都有着很大的不同。然而，它们的差异之下存在着强有力的统一。这三首诗的每一首（或者读者对每一首诗的体验），表达的都是生活中的事件，不论是创作和聆听诗歌时那种特别的爱之体验，还是支持或反对用语言见证一种难以言说的体验之冲突，抑或是在生命历程中让自己持有最神圣之物以努力保持鲜活。在每一个例子中，这些诗歌都不是关于某种体验；诗歌的生命就是体验本身。

参考文献

Altman, L. (1975). *The Dream in Psychoanalysis*. New York: International Universities Press.

——(1976). Discussion of Epstein (1976). *Journal of the Philadelphia Association for Psychoanalysis* 3: 58-59.

Ammons, A. R. (1968). A poem is a walk. *Epoch* 28: 114-119.

Balint, M. (1968). *The Basic Fault*. London: Tavistock.

Baranger, M.(1993). The mind of the analyst: from listening tointerpretation. *International Journal of Psycho-Analysis* 74: 15-24.

Bion, W. R.(1959).Attacks on linking. *International Journal of Psycho-Analysis* 40: 308-315.

——(1962a). *Learning from Experience*. New York: Basic Books.

——(1962b). A theory of thinking. In *Second Thoughts*. New York: Jason Aronson, 1967, pp. 110-119.

——(1967). Notes on memory and desire. In *Melanie Klein Today, Vol. 2, Mainly Practice*, ed. E. Spillius. London: Routledge, 1988, pp.17-21.

——(1978). *Four Discussions with W. R. Bion*. Perthshire, Scotland: Clunie Press.

Blechner, M. (1995). The patient's dreams and the countertransference. *Psychoanalytic Dialogues* 5: 1-26.

Bollas, C. (1987). *The Shadow of the Object*: Psychoanalysis of theUnthought Known. New York: Columbia University Press.

Bonime, W.(1962). *The Clinical Use of Dreams*. New York: Basic Books.

Borges, J. L. (1960). The other tiger. In *Jorge Luis Borges: Selected Poems* 1923-1967, trans. and ed. N.T. di Giovanni. New York: Delta, 1968, pp.129-131.

Boyer, L. B.(1988). Thinking of the interview as if it were a dream. *Contemporary*

Psychoanalysis 24: 275-281.

——(1992). Roles played by music as revealed during countertransference facilitated transference regression. *International Journal of Psycho-Analysis* 73: 55-70.

Britton, R. (1989). The missing link: parental sexuality in the Oedipus complex. In *The Oedipus Complex Today: Clinical Implications*, ed. J. Steiner. London: Karnac, pp.83-102.

Brodsky, J. (1995a). How to read a book. In *On Grief and Reason: Essays*. New York: Farrar, Straus and Giroux, pp.96-103.

——(1995b) On grief and reason. In *On Grief and Reason: Essays*. New York: Farrar, Straus and Giroux, pp. 223-266.

Brower, R. (1951). *The Fields of Light*. New York: Oxford University Press.

——(1968). *Aexander Pope: The Poetry of Allusion*. New York: Oxford University Press.

Casement, P. (1985). *Learning from the Patient*. New York: Guilford.

Chasseguet-Smirgel, J. (1984). *Creativity and Perversion*. New York: Norton.

Coltart, N. (1986). "Slouching towards Bethlehem" ... or thinking the unthinkable in psychoanalysis. In *British School of Psychoanalysis: The Independent Tradition*, ed. G. Kohon. New Haven, CT: Yale University Press, pp.185-199.

——(1991). The silent patient. *Psychoanalytic Dialogues* 1: 439-454.

Duncan, R. (1960). Often I am permitted to return to a meadow. In *Robert Duncan: Selected Poems*, ed. R. Bertholf. New York: New Directions, 1993, p.44.

Eliot, T. S. (1921). The metaphysical poets. In *Selected Essays*. New York: Harcourt, Brace and World, 1932, pp.241-250.

Emerson, R. W. (1841). Art. In *Selected Writings*, ed. B. Atkinson. New York: Random House, 1950, pp.305-315.

Epstein, G. (1976). A note on a semantic confusion in the fundamental rule of psychoanalysis. *Journal of the Philadelphia Association for Psychoanalysis* 3: 54-57.

Etchegoyen, H. (1991). *The Fundamentals of Psychoanalytic Technique*. London: Karnac.

Faulkner, W. (1946). Appendix. *The Sound and the Fury*. New York: Modern Library, pp.3-22.

Fenichel, O. (1941). *Problems of Psychoanalytic Technique*. New York: Psychoanalytic Quarterly.

Flannery, J. (1979). Dimensions of a single word-association in the analyst's reverie. *International Journal of Psycho-Analysis* 60: 217-224.

Frank, A. (1995). The couch, the psychoanalytic process, and psychic change: a case study. In *Psychoanalytic Inquiry* 15: 324-337.

Frayn, D. (1987). An analyst's regressive reverie: a response to the analysand's illness. *International Journal of Psycho-Analysis* 68: 271-278.

French, T. and Fromm, E. (1964). *Dream Interpretation: A New Approach*. Madison, CT: International Universities Press.

Freud, S, (1897). Extracts from Fliess papers, Draft M, May 2,1897. *Standard Edition* 1.

——(1900). The Interpretation of Dreams. *Standard Edition* 4/5.

——(1911-1915). Papers on technique. *Standard Edition* 12.

——(1912). Recommendations to physicians practising psychoanalysis. *Standard Edition* 12.

——(1913). On beginning the treatment. *Standard Edition* 12.

——(1914). On the history of the psycho-analytic movement. *Standard Edition* 14.

——(1915). The unconscious. *Standard Edition* 14.

——(1920). Beyond the Pleasure Principle. *Standard Edition* 18.

——(1923a). Two encyclopaedia articles. *Standard Edition* 18.

——(1923b). Remarks on theory and practice of dream-interpretation. *Standard Edition* 19.

——(1927). Fetishism. *Standard Edition* 21.

Frost, R. (1913). Letter to John T. Bartlett, July 4, 1913. In *Selected Letters of Robert Frost*, ed. L. Thompson. New York: Holt, Rinehart and Winston, 1964, pp. 79-81.

——(1914a). Letter to John T. Bartlett, February 22, 1914. In *Robert Frost: Collected Poems, Prose and Plays*, ed. R. Poirier and M. Richardson. New York: Library of America, 1995, pp.673-679.

——(1914b). Home burial. In *Robert Frost: Collected Poems, Prose and Plays*, ed. R Poirier and M. Richardson. New York: Library of America, 1995, pp.55-58.

——(1915). 'The imagining ear.' In *Robert Frost: Collected Poems, Prose and Plays*, ed. R. Poirier and M. Richardson. New York: Library of America, 1995, pp.687-689.

——(1917). Letter to Louis Untermeyer. In *Frost: A Literary Life Reconsidered*, W. Pritchard. Amherst, MA: University of Massachusetts Press, 1984, pp.126-127.

——(1918). The unmade word. In *Robert Frost: Collected Poems, Prose and Plays*, ed. R. Porier and M. Richardson. New York: Library of America, 1995, pp.694-697.

——(1923). Some definitions. In *Robert Frost: Collected Poems, Prose and Plays*, ed. R. Poirier and M. Richardson. New York: Library of America, 1995, p.701.

——(1929). Preface. *A Way Out.* In *Robert Frost: Collected Poems, Prose and Plays*, ed. R. Poirier and M. Richardson. New York: Library of America, 1995, p.713.

——(1935). Letter to "The Amherst Student." In *Robert Frost: Collected Poems, Prose and Plays*, ed. R. Poirier and M. Richardson. New York: Library of America, 1995, p.739-740.

——(1936). Letter to L. W. Payne, Jr., 12 March 1936. In *Selected Letters of Robert Frost*, ed. L. Thompson. New York: Holt, Rinehart and Winston, 1964, pp.426-427.

——(1939). The figure a poem makes. In *Robert Frost: Collected Poems, Prose and Plays*, ed. R. Poirier and M. Richardson.New York: Library of America, 1995, pp.776-778.

——(1942a). Carpe diem.In *Robert Frost: Collected Poems, Prose and Plays*, ed. R. Poirier and M. Richardson. New York: Library of America, 1995, p.305.

——(1942b). The most of it. In *Robert Frost: Collected Poems, Prose and Plays*, ed. R. Poirier and M. Richardson. New York: Library of America, 1995, p.307.

——(1942c). The silken tent. In *Robert Frost: Collected Poems, Prose and Plays*, ed. R Poirier and M. Richardson. New York: Library of America, 1995, p.301.

——(1942d). Beeches. In *Robert Frost: Collected Poems, Prose and Plays*, ed. R. Poirier and M. Richardson. New York: Library of America, 1995, p.302.

——(1942e). I could give all to time. In *Robert Frost: Collected Poems, Prose and Plays*, ed. R. Poirier and M. Richardson. New York: Library of America, 1995, pp.304-305.

——(1962). On extravagance: a talk. In *Robert Frost: Collected Poems, Prose and Plays*, ed. R Poirier and M. Richardson. New York: Library of America, 1995, pp.902-926.

Gaddini, E. (1982). Early defensive phantasies and the psychoanalytic process. In *A Psychoanalytic Theory of Infantile Experience: Conceptual and Clinical Reflections*, ed, A Limentani. London: Routledge, 1992, pp.142-153.

Garma, A. (1966). *The Psychoanalysis of Dreams*. Chicago: Quadrangle Books.

Goethe, J. W. (1808). Faust I and II. In *Goethe: The Collected Works, Vol. 2.*, ed. and trans. S. Atkins. Princeton: Princeton University Press, 1984.

Goldberger, M. (1995). The couch as defense and potential for enactment. *Psychoanalytic*

Quarterly 63: 23-42.

Gray, P. (1992). Memory as resistance, and the telling of a dream. *Journal of the American Psychoanalytic Association* 40: 307-326.

——(1994). *The Ego and the Analysis of Defense*. Northvale, NJ: Jason Aronson.

Green, A. (1975). The analyst, symbolisation and absence in the analytic setting (On changes in analytic practice and analytic experience). *International Journal of Psycho-Analysis* 56: 1-22.

——(1983). The dead mother. In *On Private Madness*. Madison, CT: International Universities Press, 1986, pp.142-173.

——(1987). La capacité de rêverie et le myth étiologique. *Revue Française de Psychanalyse* 51: 1299-1315.

Greenson, R. (1967). *The Technique and Practice of Psychoanalysis, Volume 1*. New York: International Universities Press.

——(1971). Panel. The basic rule: free association-a reconsideration. Reporter, H. Seidenberger, *Journal of the American Psychoanalytic Association* 19: 98-109.

Grotstein, J. (1979). Who is the dreamer who dreams the dream and who is the dreamer who understands it? *Contemporary Psychoanalysis* 15: 110-169.

——(1995). A reassessment of the couch in psychoanalysis. *Psychoanalytic Inquiry* 15: 396-405.

Isakower, O. (1938). A contribution to the psychopathology of phenomena related to falling asleep. *International Journal of Psycho-Analysis* 19: 331-335.

——(1963). Minutes of faculty meeting, New York Psychoanalytic Institute, Nov. 20.

Jacobson, J. (1995). The analytic couch: facilitator or sine qua non? *Psychoanalytic Inquiry* 15: 304-313.

James, H. (1881). *The Portrait of a Lady*. Boston: Houghton Mifflin,1963.

——(1884). The art of fiction. In *Henry James: Literary Criticism. Vol 1: Essays on Literature, American Writers, English Writers*. New York: Library of America, 1984, pp.44-65.

James, W. (1890). *Principles of Psychology, Vol. 1.*, ed. P. Smith. New York: Dover, 1950.

Jarrell, R. (1953). *Poetry and the Age*. New York: Vintage, 1955.

Joseph, B.(1975). The patient who is difficult to reach, In *Psvchic Equilibrium and Psychic Change*. ed. M. Feldman and E. B. Spillius. New York: Routledge, 1989, pp.75-87.

——(1982). Addiction to near death, *International Journal of Psycho-Analysis* 63: 449-456.

——(1985). Transference: the total situation. *International Journal of Psycho-Analysis* 66: 447-454.

——(1994). 'Where there is no vision...' from sexualization to sexuality. Presented at the San Francisco Psvchoanalytic Institute, San Francisco, April, 1994.

Khan, M. M. R. (1976). Beyond the dreaming experience. In *Hidden Selves: Between Theory and Practice in Psychoanalysis*. Madison, CT: International Universities Press, 1983, pp.42-51.

——(1979). *Alienation in Perversions*. New York: International Universities Press.

Klein, M. (1926). Psychological principles of infant analysis. In *Contributions to Psycho-Analysis, 1921-1945*. London: Hogarth, 1968, pp.140-151.

——(1928). Early stages of the Oedipus conflict. In *Contributions to Psycho-Analysis, 1921-1945*. London: Hogarth, 1968, pp.202-214.

——(1952). The origins of transference. In *Envy and Gratitude and Other Works. 1946-1963*. New York: Delacorte, 1975, pp.48-56.

Klein, S. (1980). Autistic phenomena in neurotic patients. *International Journal of Psycho-Analysis* 61: 395-401.

Lawrence, D. H. (1919). Foreword. *Women in Love*. New York: Modern Library, 1950.

Leavis, F. R. (1947). *Revaluation*. New York: Norton.

Lebovici, S. (1987). Le psychanalyste et "le capacité à la rêverie de la mère." *Revue Française de Psychanalyse* 51: 1317-1345.

Lewin, B. (1950). *The Psychoanalysis of Elation*. New York: The Psychoanalytic Quarterly Press.

Lichtenberg, J. (1995). Forty-five years of psychoanalytic experience on, behind, and without the couch. *Psychoanalytic Inquiry* 15: 280-293.

Lichtenberg, J. and Galler, F. (1987). The fundamental rule: a study of current usage. *Journal of the American Psychoanalytic Association* 35: 45-76.

Loewald, H. (1986). Transference-countertransference. *Journal of the American Psychoanalytic Association* 34: 275-287.

Malcolm, R. (1970) The mirror: a perverse sexual phantasy in a woman seen as a defence against a psychotic breakdown. In *Melanie Klein Today, Vol. 2: Mainly Practice*, ed. E.

Spillius. Routledge: New York, 1988, pp.115-137.

——(1995). The three "W's" : what, where and when: the rationale of interpretation. *International Journal of Psycho-Analysis* 76: 447-456.

McDougall, J, (1978). The primal scene and the perverse scenario. In *Plea for a Measure of Abnormality*. New York: International Universities Press, 1980, pp. 53-86.

——(1986), Identifications, neoneeds and neosexualities. *International Journal of Psycho-Analysis* 67: 19-31.

Meares, R. (1993). *The Metaphor of Play*. Northvale, NJ: Jason Aronson.

Meltzer, D. (1973). *Sexual States of Mind*. Perthshire, Scotland: Clunie Press.

Mitchell, S. (1993). *Hope and Dread in Psychoanalysis*. New York: Basic Books.

Musil, R. (1924). *Five Women*, trans. E. Wilkins and E. Kaiser. Boston: Nonpareil Books, 1968.

Ogden, T. (1986). *The Matrix of the Mind: Object Relations and the Psychoanalytic Dialogue*. Northvale, NJ: Jason Aronson/London: Karnac.

——(1988a). Misrecognitions and the fear of not knowing. *Psychoanalytic Quarterly* 57: 643-666.

——(1988b). On the dialectical structure of experience: some clinical and theoretical implications. *Contemporary Psychoanalysis* 24: 17-45.

——(1989a). On the concept of an autistic-contiguous position. *International Journal of Psycho-Analysis* 70: 127-140.

——(1989b). *The Primitive Edge of Experience*. Northvale, NJ: Jason Aronson/London: Karnac.

——(1991a). Analysing the matrix of transference. *International Journal of Psycho-Analysis* 72: 593-605.

——(1991b). Some theoretical comments on personal isolation. *Psychoanalytic Dialogues* 1: 377-390.

——(1992a). The dialectically constituted/decentred subject of psychoanalysis. I. The Freudian subject. *International Journal of Psycho-Analysis* 73: 517-526.

——(1992b). The dialectically constituted/decentred subject of psychoanalysis. II. The contributions of Klein and Winnicott. *International Journal of Psycho-Analysis* 73: 613-626.

——(1994a). The analytic third-working with intersubjective clinical facts. *The International Journal of Psycho-Analysis* 75: 3-20.

——(1994b). The concept of interpretive action. *Psychoanalytic Quarterly* 63: 219-245.

——(1994c). Indentificação projectiva e o terceiro subjugador. *Revista de Psicanálise de Sociedade Psicanalítica de Porto Alegre* 2: 153-162. (Published in English as "Projective Identification and the Subjugating Third." In *Subjects of Analysis*. Northvale, NJ: Jason Aronson, 1994, pp.97-106.)

——(1994d). *Subiects of Analysis*. Northvale, NJ: Jason Aronson/London: Karnac.

O'Shaughnessy, E. (1989). The invisible Oedipus complex. In *The Oedipus Complex Today: Clinical Implications*, ed. J. Steiner. London: Karnac, pp.129-150.

Peltz, R. (1996). The anatomy of impasses and the retrieval of meaning states. Presented at "Discussions for Clinicians," San Francisco Psychoanalytic Institute, Oct. 7.

Phillips, A. (1996). *Terrors and Experts*. Cambridge: Harvard University Press.

Poirier, R. (1977). *Robert Frost: The Work of Knowing*. New York: Oxford University Press.

——(1992). *Poetry and Pragmatism*. Cambridge, MA: Harvard University Press.

Pontalis, J. B. (1977). Between the dream as object and the dreamtext. In *Frontiers in Psychoanalysis: Between the Dream and Psychic Pain*. Madison, CT: International Universities Press, pp.23-55.

Pritchard, W. (1984). *Frost: A Literary Life Reconsidered*. Amherst, MA: University of Massachusetts Press.

——(1991). Ear training. In *Playing it by Ear: Literary Essays and Reviews*. Amherst, MA: University of Massachusetts Press, 1994, pp.3-18.

Rangell, L. (1987). Historical perspectives and current status of the interpretation of dreams in clinical work. In *The Interpretation of Dreams in Clinical Work*, ed. A. Rothstein. Madison, CT: International Universities Press, pp.3-24.

Rilke, R. M. (1904). Letters. In *Rilke on Love and Other Difficulties*, trans. J. J. L. Mood. New York: Norton, 1975, p.27.

Sandler, J. (1976). Dreams, unconscious fantasies and 'identity of perception.' *International Review of Psycho-Analysis* 3: 33-42.

Schafer, R. (1994). *Retelling a Life: Narration and Dialogue in Psychoanalysis*. New York: Basic Books.

Searles, H. (1975). The patient as therapist to the analyst. In *Tactics and Techniques in Psychoanalytic Therapy, Vol. 2*, ed. P. L. Giovacchini. New York: Jason Aronson, pp.95-151.

Segal, H. (1991). *Dream, Phantasy and Art*. London: Tavistock/Routledge.

Sharpe, E. (1937). *Dream Analysis*. London: Hogarth Press, 1949.

Spillius, E. B. (1995). Kleinian perspectives on transference. Presented at the San Francisco Psychoanalytic Institute, September, 1995.

Steiner, J. (1985). Turning a blind eye: the cover-up for Oedipus. *International Review of Psycho-Analysis* 12: 161-172.

Stevens, W. (1947). The creations of sound. In *The Collected Poems of Wallace Stevens*. New York: Knopf, 1967.

Stewart, H. (1977). Problems of management in the analysis of ahallucinating hysteric. *International Journal of Psycho-Analysis* 38: 67-76.

Strachey, I. (1934). The nature of the therapeutic action of psychoanalysis. *International Journal of Psycho-Analysis* 15: 127-159.

Symington, N.(1983). The analyst's act of freedom as agent of therapeutic change. *International Review of Psycho-Analysis* 10: 283-291.

Tustin, F. (1980). Autistic obiects. *International Review of Psycho-Analysis* 7: 27-40.

——(1984). Autistic shapes. *International Review of Psycho-Analysis* 11: 279-290.

Whitman, R., Kramer, M., and Baldridge, B. (1969). Dreams about the patient. *Journal of the American Psychoanalytic Association* 17: 702-727.

Whitman, W. (1871). Democratic vistas. In *Whitman: Poetry and Prose*. New York: Library of America, 1982, pp.929-994.

Winnicott, D. W. (1947). Hate in the countertransference. In *Through Paediatrics to Psycho-Analysis*. New York: Basic Books, 1975, pp.194-203.

——(1951). Transitional objects and transitional phenomena. In *Playing and Reality*. New York: Basic Books, 1971, pp.1-25.

——(1960). The theory of the parent-infant relationship. In *The Maturational Processes and the Facilitating Environment*. New York: International Universities Press, 1965, pp.37-55.

——(1963). Communicating and not communicating leading to a study of certain opposites. In *The Maturational Processes and the Facilitating Environment*. New York: International

Universities Press, 1965, pp.179-192.

——(1971a). Playing: a theoretical statement. In *Playing and Reality*. New York: Basic Books, pp.38-52.

——(1971b). *Playing and Reality*. New York: Basic Books.

——(1971c). The place where we live.In *Playing and Reality*. New York: Basic Books, pp.104-110.

——(1971d). Introduction. In *Playing and Reality*. New York: Basic Books, pp.xii-xiii.

——(1971e). Playing: creative activity and the search for the self. In *Playing and Reality*. New York: Basic Books, pp.53-64.

——(1974). Fear of breakdown. *International Review of Psycho-Analysis* 1: 103-107.

Zweibel, R. (1985). The countertransference dream. *International Review of Psycho-Analysis* 12: 87-99.

索 引 [1]

A ————————

Acting-in　治疗内的见诸行动 86

Aliveness　生机

　in analysis　分析中的…… 4-6, 8, 23,
　146-147

　　examples of　……的例子 26-63

　experience of　……的体验 15-19

　in language　语言中的…… 12-13,
　204, 229-230

　　lack of　缺乏…… 219-224

　patient's attempts at　病人在……的
　尝试 52-53

　in poetry　诗歌的…… 241

Altman, L.　L.阿特曼 138

　on Freud's fundamental rule　关于弗
　洛伊德的基本规则 129

Amnions, A.R.　A.R.埃蒙斯

　of living language　论鲜活的语言 5

Analysand. See also　被分析者, 另请参阅

Intersubjective analytic third　主体间
分析性第三方 130-140

　need for privacy　对隐私的需要 129-131

Analysis　分析 7-9, 219

　analysand's shaping of　分析者塑造
　的…… 36-42, 45-49

　of dreams　梦的…… 137-154

　essential elements of　……的基本要
　素 17, 111, 116-118

　fantasies of ideal　理想化的……幻想
　45-49, 52-53, 223

　feeling unheard in　感觉……闻所未闻
　14-15

　language for　……的语言 201-231

　of perversion　倒错的…… 67-104

　quality of　……的品质 4-7, 23

　　aliveness vs.deadness in　……中的生
　　机和死寂 23, 34-35

　rules of　……的法则 45, 129

　　in example of perversion　倒错个案
　　中的…… 75-76

---

fundamental　基本的 119-131

use of couch in　……中躺椅的使用 110-119

using reveries in　在……中运用遐想 76-77, 157-197

Analyst.See also　分析师，另请参阅

Intersubjective analytic third; Reveries 主体间分析性第三方; 遐想

death of　……的死亡 10-11

feeling of deadness　死寂感 124-128

freedom to think　自由思考 24-25

and fundamental rule of analysis　……和分析的基本规则 132-133

language of　……的语言 217-224

process notes of　……的过程笔记 43-44

realness of　……的真实感 11-12, 25

Analytic objects　分析性客体 79, 87

as reaction to emotional deadness ……作为死寂情绪的反应 29, 31, 62-63

reveries as　将……遐想为 161-162

Anger　愤怒

toward analyst　朝向分析师 56-59, 166-168

in transference-countertransference 在移情–反移情中的…… 184

Anxiety　焦虑

about connectedness　关于情感联结

的…… 57

analyst's　分析师的…… 93-94

and emotional deadness　……和情绪的死寂 28-29, 31

interpretation of　……的解释 148-151

in reveries　……在遐想中 77-80

transference-countertransference　移情-反移情…… 217

and use of couch　……和躺椅的使用 115

Autism, as personality component　自闭症, 作为人格的组成部分 54-62

Autistic shapes, created with language 自闭症的轮廓, 语言创造的…… 229

B

Balint, M.　M.巴林特 211

Baranger, M., on analytic third　M.巴朗热, 关于分析性第三方 109

Bion, W.R.　W.R.比昂

on analytic objects　关于分析性第三方 29, 79, 162

on analytic process　关于分析性过程 47

on projective identifications　关于投射性认同 24

on reverie　关于遐想 9, 76, 108, 133, 137, 157, 158

on understanding　关于理解 208

Blechner, M., on dreams   M.布莱奇纳,关于梦 141

Bollas, C   C.博拉斯 25

Bonime, W.   W.柏妮梅 138

Boredom 无聊

    of analyst   分析师的…… 46, 145-149

    and lack of sexuality   和性欲的匮乏 178-179

Borges, J.L.   J.L.博尔赫斯 23

Boyer, L.B.   L.B.博耶

    on reverie   关于遐想 158

    on telling of dreams   关于梦的讲述 151

Britton, R., on lack of aliveness   R.布里顿,关于死寂的匮乏 99

Brodsky J.   J.布罗茨基 235, 238

Brower, R.   R.布劳尔 206-208, 236

C

Casement, P.   P.凯斯门特, 25

Chasseguet-Smirgel, J.   J.切斯盖特-思迈格尔

    on existing outside laws   关于现有的外部法律 101

    on lies   关于谎言 102

    on perversion   关于倒错 67, 70-71

    on sexuality   关于性欲 92

Chinatown   《唐人街》 72, 91

Coltart, N.   N.科塔特

    on analyst's freedom to think   关于分析师的思考自由 24-25

    on analytic process   关于分析性过程 161

    on laughing at patient's jokes   关于因病人的笑话发笑 49

    on silence   关于沉默 130

Consultations/supervisions   督导

    interpretations in   对……的解释 50-52

    need for   ……的需要 15

    using process notes in   在……中使用过程笔记 43-44

Contempt   蔑视 36, 41, 196

Control/power   控制/能量 176-177, 186

    and impotence   ……和无能为力 90

    and isolation   ……和孤独 55-59

Couch, use of   躺椅,……的使用 110-119

Countertransference   反移情 27

See also Transference countertransference analysis of   另请参阅……的移情-反移情分析 78-79

    as part of total situation   ……作为整体情境的一部分 47

    and realness of analyst   ……和分析师的真实性 25

Curiosity   好奇

    about analyst   有关于分析师的…… 47-48, 57-59

D

Deadness, emotional　死寂, 情绪的 3-4

　　See also Aliveness in analysis　另请参阅分析中的生机 24, 124-128

　　causes of　造成…… 25, 54-62

　　in dreams of paralysis　在麻痹的梦中……85-86

　　enactment of　颁布的…… 27-29

　　fear of　……的恐惧 97

　　perversion as defense against　作为防御……的倒错 68-71, 83, 92-93

Death, of analyst　死亡, 分析师的……10-11

Defenses　防御

　　character　性格 44

　　against connectedness　对情感联结的……57-58, 62

　　against deadness　对死寂的…… 29, 31, 37-38, 69-71, 83, 87

　　interference by　被……干扰 216-217

　　in narratives　在叙事中 210-211

　　perverse　倒错 69-71, 83, 87

　　radical psychic disconnection as　彻底的精神解离 87-90

　　range of　……的范围 97-98

　　ruminations as　作为……的反刍 177-178

　　therapist's　治疗师的…… 29, 31, 44

Dependence, on therapist, vs. warmth　依赖, 对治疗师的 vs. 温暖 55, 57

Disconnection　断开联结

　　from other people　从他人那…… 58-59

　　from own narratives　从自己的叙事中…… 87, 170, 194

　　psychic　精神的 87-90

　　and psychic absence　……和精神缺席 210-211

　　and psychic numbing　……和精神麻痹 186-187

Dreaded event　可怕的事件 85-86

Dreams　梦 80-81, 137-154, 174-176, 179-180

Duncan, R.　R.邓肯 142

E

Eliot, T.S.　T.S.艾略特 239

Embarrassment　尴尬

　　about voyeurism　关于窥阴癖 81-86, 94-95

　　fear of　对……的恐惧 180, 195

Emerson, R. W., on language　R.W.爱默生, 论语言 219

Emotional deadness. See Aliveness; Deadness, emotional 情绪的死寂, 参见生机; 死寂, 情绪的

Emotions, lack of　情绪, 缺少…… 33-34

Enactment　上演

　　of deadness　……的上演 27-29

　　of fantasies　……的幻想 100

of transference　……的移情 99, 115

Engagement, in analysis　参与, 在分析中 215

Envy, of parental intercourse　嫉羡, 父母交合的…… 99-100

Epstein, G.　G.艾皮斯坦 129

Etchegoyen, H.　H.艾奇戈英 138

on Freud's fundamental rule　关于弗洛伊德的基本规则 120

Excitement　兴奋

and need to be noticed　……和需要被关注 87-88

search for　寻找…… 100-102

and transference-countertransference ……和移情-反移情 37, 70-71

and voyeurism　……和窥阴癖者 82, 83-86

vs. deadness of sexuality　…… vs. 性欲的死寂 92-93, 96

Experience　体验

and aliveness　和生机 15-19, 264

fluidity of　……的流动性 246-247

of intersubjective analytic third　主体间分析性第三方的……110

limitations to　……的限制 181-182, 196-197

reducing　减少 216-217

self-imposed　自我加强的 18-19

and uses of language　……和语言的运用 4-6, 205-207, 219, 225-226

Experimentation, in analysis　尝试, 在分析中 7-9

F

Fantasies　幻想

of analyst　分析师的…… 36, 78, 186

about patient　关于病人的…… 164-165, 182-183

of ideal analysis　理想化分析的…… 45-48

involvement in　参与…… 91-92

paranoid-schizoid　偏执型精神分裂 59-60

of parental intercourse　父母交合的……83, 99-100, 102

in perversion　倒错中的…… 75-76, 78

Faulkner, W.　W.福克纳 19

Faust (Goethe)　《浮士德》(歌德) 15-18

Feelings, lack of　情绪感受, 缺乏的…… 33-34

Fenichel, O., on use of couch in analysis O. 费内切, 关于分析中躺椅的使用 115

Flannery .J., on reverie　J.弗兰纳瑞, 关于遐想 158

Frank, A., on use of couch in analysis A.弗兰克, 关于分析中躺椅的使用 115

Frayn, D., on reverie　D.弗莱恩, 关于遐想 158

Free associations. *See also* Reveries of analyst　自由联想，另请参阅分析师的遐想149-150

　　and dreams　……和梦 138-139, 151-154

　　as fundamental rule of analysis　作为分析基本规则的…… 45-46, 132-133

French, T.　T.费里奇 138

Freud, S.　S.弗洛伊德

　　on dreams　关于梦 138, 141, 151, 153, 188

　　on elements of psychoanalysis　关于精神分析的要素 111-112

　　fundamental rule of　……的基本规则 108, 119-120, 123, 132-133

　　on listening　关于倾听 12, 113

　　on psychic disconnection　关于精神解离 87

　　on the unconscious　关于无意识 68, 109-110, 118, 215

Fromm, E.　E.弗洛姆 138

Frost, R.　R.弗罗斯特 153, 163

　　on ear training　关于耳朵的训练 209

　　on living speech　关于鲜活的演讲 3, 6, 12-14

　　poems of　……的诗 236-264

Fundamental rule of analysis　分析的基本规则 119-133

G ────────────────

Gaddini, E.　E.加尼迪 182

Galler, F.　F.贾乐尔 120

Garma, A.　A.加马 138

Gill, M., on Freud's fundamental rule　M.吉尔, 关于弗洛伊德的基本规则 129

Goethe, J.W., on experience of aliveness　J.W.歌德, 关于生机的体验 15-18

Goldberger, M., on use of couch in analysis　M.戈登伯格, 关于分析中躺椅的使用 115

Gray, P.　P.格雷 138-139

Green, A　A.格林 161

　　on analytic objects　关于分析性客体 29, 79, 162

　　on analytic third　关于分析性第三方 109

　　on emotional deadness　关于情绪死寂 25

Greenson, R.　R.格林森 138

　　on Freud's fundamental rule　关于弗洛伊德的基本规则 22

Grotstein, J.　J.格罗特斯坦 117

　　as analysand　作为被分析者 208

　　on dreams　关于梦 141, 188

H ────────────────

"Home Burial"（Frost）　《家庭墓地》（弗罗斯特）247-258

Hopelessness 绝望 87, 100, 173-174

Humanness.See also Inhumanness and defenses 人性，别请参阅非人性和防御 216-217

increasing ……增加 15-17, 109, 121

and language ……和语言 208-209

I

"I Could Give All to Time" (Frost) 《我可以把一切献给时间》（弗罗斯特）258-264

Idealization 理想化 52-53

Imagination 想象

of listeners 听众的…… 13-14

need for 需要…… 3

Inhumanness, and disconnection 非人性，和断开联结 58-60, 90

Intellectualization, as defense 理智化，作为防御 97-98

Internal object world 内部客体世界 112, 154

analyst's 分析师的…… 188-190

reproduction of in analysis ……在分析中的再现 223-224

Internalization, of depressed mother 内化，抑郁母亲的…… 25

Interpretation of Dreams The (Freud) 《梦的解析》（弗洛伊德）119-120

Interpretations 解释 71

by analysand 被分析者的…… 175, 221-223

from analyst's experiences 来自分析师体验的…… 158-159

deferring 拖延 46, 49-50

in different schools of analysis 在不同的分析流派中 220-221

of dreams 梦的…… 138-139, 151^152

hidden intents in 在……中的隐藏意图 147-150, 165

pseudo 假的…… 175, 183-184

responses to 对……的反应 57, 62, 85-86, 191-192

in transference-countertransference dynamic 在移情-反移情动力中…… 167-169

using reveries in 在……中运用遐想 132, 160

Intersubjective analytic third 主体间分析性第三方 9-11, 29-31, 109-110

creation of ……的创造 24, 116-119

dreams as 作为……的梦 139-154

as essential element of psychoanalysis 作为精神分析的基本要素 111, 116-119

and ownership of reveries ……和遐想的所有权 159-160

and perversion of transference-countertransference ……和移情–反移情的倒错 68-70, 103-104

purposes of ……的目的 63, 223-224

unconscious　无意识的 78-80, 188-191

Isakower, O., on analyst's consciousness O.艾萨克, 关于分析师的无意识 140

Isolation　孤独 88

benefits of　……的益处 55-56, 122, 192

created with language　用语言创造的…… 229-230

empathy with　与……共情 172-173, 175, 187

J

Jacobson. J., on use of couch in analysis J. 雅各布森, 关于分析中躺椅的使用 115

James, H.　H.詹姆斯 207-208, 220

on art of fiction　关于小说的艺术 7, 8

language of　……的语言 211-214

James, W.　W.詹姆斯 186

on use of language　语言的运用 6, 225-227, 263

Jarrell, R, on Frost's poetry　R.贾雷尔, 关于弗罗斯特的诗歌 237-238

on reverie　关于遐想 158

Jones, A.　A.琼斯 250

Joseph, B.　B.约瑟夫 214

on perversion　关于倒错 71

on transference　关于移情 47, 97, 130, 227

K

Khan, M.M.R.　M.M.R.卡汉

on dreams　关于梦 153

on lack of aliveness　关于生机的匮乏 99

on perversion　关于倒错 70

Klein, M.　M.克莱因 227

Klein, S., on autistic components　S.克莱因, 关于自闭症的成分 54

L

Language　语言

aliveness of　……的生机 3-6

for analysis　用于分析的…… 11-15, 201-231

effects created with　用……创造的效果 225-230, 235-264

for verbalizing internal object world 为了描述内部客体世界 112

Latent content.See Manifest vs.latent content隐性内容。参见显性内容与隐性内容

Lawrence, D.H., on consciousness D.H.劳伦斯, 论无意识 224

Leavis, F.R.　F.R.李维斯 209

Lebovici, S.　S.内波维奇 161

Lewin, B., on analyst's consciousness B.勒温, 关于分析师的无意识 140

Lichtenberg J.　J.李奇滕伯格 120

　on use of couch in analysis　关于分析中躺椅的使用 115

Listening　倾听

　analysis as　作为……的分析 12, 113

　to poems　……诗歌 235-264

Loewald, H., on countertransference　H.罗伊沃尔德, 关于反移情 78

Loneliness　孤独

　and awareness of isolation　……和对孤独的感知 172-173, 175, 187-188

　defenses against　防御…… 87-88

　sadness about　关于……的悲伤 40, 42

Love　爱

　in analyst/analysand relationship　分析师/被分析者的……的关系 59-61

　lack of feeling of　缺少……的情绪感受 34

　recognition of　对……的识别 180, 195

Lustmann, S.　S.卢斯曼 138

M

Malcolm, R.　R.麦尔考姆

　on analytic relationship　关于分析性关系 214

　on perversion　关于倒错 67, 71

Manifest vs.latent content　显性和隐性内容 72-74, 90-91

of dreams　梦的…… 138-139

of reveries　遐想的…… 160

McDougall, J.　J.麦独孤

　on enactments　关于法条 100

　on sexuality　关于性欲 70

Meaning　意义

　creation of　创造…… 218

　　by analyst　被分析师…… 31-33, 37-38, 42

　　out of reveries　遐想之外的…… 160-161

　of dreams　梦的…… 153

　through usages of language　通过对语言的运用…… 214-215

Meares, R.　R.米尔斯 25

Meltzer, D.　D.梅尔泽

Mitchell, S.　S.米切尔 25

Mortality, inability of people to experience　死亡, 人们无法体验的 18

"Most of It, The"（Frost）　《它的大部分》（弗罗斯特）239-241

N

Narratives　叙事 170, 228

　cleverness of　……的聪明 74-76, 91, 95-96

　defenses in　……的防御 210-211

　pointless　无意义的…… 28-29, 31-32

as retelling a life　……作为生活的重述 96-97

Numbness, psychic.See Psychic numbness　麻木, 精神, 参见精神麻木

O

Observation/voyeurism　观察/窥阴癖

embarrassment about　……的尴尬 78, 81-85

eroticism in　……的色情 94-95

Ogden, T.　T.奥格登

on analytic objects　关于分析性客体 29, 79

on analytic third　关于分析性第三方 30, 69-70, 108, 109, 137, 141-142, 159, 223

on autistic components　关于自闭症的成分 54, 61

on autistic shapes　关于自闭症的轮廓 229

on countertransference　关于反移情 78-79

on desire　关于欲望102

on dialectically constituted psychoanalysis 关于辩证构成的精神分析 131

on isolation　关于孤独 122

on process notes　关于过程记录 43

on reverie　关于遐想 123

on transference　关于移情 47, 76, 97

on transference-countertransference 关于移情-反移情 90, 99

Omnipotence　全能感 55-59

analyst's　分析师的…… 166

and perversion　……和倒错 70-71

O'Shaughnessy, E., on lack of aliveness E.欧肖内西, 关于生机的匮乏 99

P

Peltz, R., on analyst's dreams　R.佩尔茨, 关于分析师的梦 143

Perceptions, distinguishing reality of　感知, 对……现实的区分 40-41

Perverse individuals　倒错的人

analysis of　对……的分析 67-104

and deals with selves　……和自我打交道 17-18

Phillips, A　A.菲利普斯 7

Physical symptoms　躯体症状

as avoidance of thought　……作为对思想的回避 88

as response to patients　……作为对病人的回应 182-183

Poirier, R.　R.波尔利尔

and Brower　和布朗 206-207, 236

on Frost's poetry　关于弗罗斯特的诗歌 237-238

Pontalis.J.B.　J.B.庞塔里斯 153

Portrait of a Lady（James）   《贵妇人的画像》（詹姆斯）211-214

Power   能量 176-177, 186

and impotence   ……和性无能 90

and isolation   ……和孤独 55-59

Principles of Psychology（James）   《心理学原理》（詹姆斯）225-227

Pritchard, W.   W.普理查德 238

Privacy, in analytic process   隐私, 在分析过程中的…… 121-124

importance of   ……的重要性 125-128, 154

for reveries   遐想的…… 158-159

and use of couch   ……和躺椅的使用 110-115, 117-118

Process notes, contents of   过程笔记, ……的内容 43-44, 47-48

Projection, and impersonal anger   投射, 和非个人的愤怒 57

Projective identification   投射性认同 24, 42, 223

Psychic disconnection, radical   精神解离, 彻底地 87-90. See also Disconnection   另请参阅解离

Psychic numbness   精神麻木

analyst' s   分析师的…… 186-188

reveries in   ……中的遐想 171-172

Psychopathology   精神病理学

as collapse of dialectical tension   ……作为辩证张力的崩溃 124

as self-limitation of aliveness   作为生机的自我限制 18-19

R ───────────

Rangell, L.   L.兰格尔 138

Reality   现实

distinguishing   区分…… 40-41

isolation from   与……隔离 100-101

uncertainty about   对……不确定 192

Realness vs.neutrality   真实与中立 25

Recognition, moment of   识别, ……的时刻 59-60, 81-82, 98

Relationships   关系

analytic   分析性 59-61, 214

emotional deadness in   情绪死寂中的…… 54-62

Resignation, to status quo   顺从, 对现状的…… 165-166

Resistance   阻抗

as element of psychoanalysis   ……作为精神分析的要素 111

rule about saying everyting   什么都得说的这个规定 130

Retelling a life   重述生活 96-97 See also Narratives   另请参阅叙事

Reveries   遐想 9, 93, 107, 187. See also Free associations   另请参阅自由联想

allowing unconscious   允许无意识 112-115, 132-133

dreams in　……在梦中 153

in example of perversion　在倒错的例子中 76-77

maintaining　维持……50, 53, 123-128, 154

recording in process notes　记录过程笔记 47-48

and use of couch in analysis　在分析中躺椅的运用和……117-119

uses of　……的运用 62-63, 157-197

Rilke, R.M.　R.M.里尔克 107

S _____

Sadness　悲伤 196-197

identifying　识别 181

reaching through deadness　穿越死寂 39-40, 42

Sandler, J.　J.桑德勒

on use of unconscious　关于对无意识的运用 88

Schafer, R., on retelling a life　R.沙弗, 关于生活的重述 96

Searles, H., on role of analysand　H.希尔内斯, 关于被分析者的角色 189

Secrets, effect of having　秘密, 拥有……的效果 91-92

Segal, H.　H.西格尔 138

Sexuality　性欲 99

adult *vs.*immature　成人与不成熟 73-74, 82, 91-92, 95

promiscuity　混乱 87-88

in reveries　遐想中的……178-179

in transference-countertransference　移情–反移情中的……36-38, 70-71, 93-94

Shared mental space, of analyst and analysand　共享的心智空间, 分析师和被分析者的 9-11.

See also Intersubjective analytic third　另请参阅主体间分析性第三方

Sharpe, E.　E.夏普 138

Silence　沉默

benefits of　……的益处 123, 185

and interpretations　……和解释 85-86

and lack of　……的缺乏 75

toleration of　容忍……97

transference through　通过……移情 130

"Silken Tent, The"（Frost）　《锦帐》弗罗斯特 241-247

Sound and the Fury, The（Faulkner）《喧哗与骚动》(福克纳) 19

Spillius, E.B., on analytic relationship　E.B.西贝纽斯, 关于分析性关系 214

Spontaneity　自发性

in interpretation of dreams　在梦的解释中 151-152

lack of　缺乏……75-76, 95-96, 124-128

loss of   失去了⋯⋯ 183-184

maintaining   维持⋯⋯ 46, 48, 50-53

vs. cleverness   ⋯⋯与聪明 93

Status quo   现状

resignation to   顺从⋯⋯ 165-166

upsetting   不安的⋯⋯ 219

Steiner, J., on Oedipus myth   J.斯坦纳,
关于俄狄浦斯神话 94

Stevens, W., on silence   W.史蒂文斯, 关
于沉默 218

Stewart, H.   H.斯图尔特 25

Stories.See Narratives   故事, 参见叙事

Strachey, J., on transference   J.斯特拉
奇, 关于移情 217

Symbolization, and reveries   象征化, 和
遐想 161

Symington, N.   N.辛明顿

on analyst's freedom to think   关于
分析师的自由思考 24-25

on analytic process   关于分析性过程
47

T _____

Termination, of analysis   结束, 分析
的⋯⋯ 9-10, 35, 228

Thought/thinking   思想/想法 71, 97

absence of   ⋯⋯的缺失/缺乏 88, 90,
93

analyst's freedom to   分析师自由
地⋯⋯ 24-25

Transference   移情

as essential element   作为⋯⋯的必要
元素 111

through silence   通过沉默⋯⋯ 130

as total situation   作为整体情境的⋯⋯
47, 97, 227

Transference-countertransference   移
情–反移情 166

anxiety in   ⋯⋯的焦虑 150-151, 217

eroticism in   ⋯⋯中的性欲亢进 93-94

fantasies in   ⋯⋯中的幻想 36, 182-183

internal objects reproduced in   内部
客体在⋯⋯中重现 223-224

language in   ⋯⋯中的语言 211, 228-
229

and loss of spontaneity   ⋯⋯和自发性
的丧失 184, 220

and perversion   ⋯⋯和倒错 67-104

and privacy   ⋯⋯和隐私 125-128

Trilling, L.   L.特里林 238

Truth, vs.lie   真实与谎言 102-103

Tustin, F.   F.塔斯廷

U _____

Unconscious   无意识

allowing reveries of   允许⋯⋯的遐想

112-115, 117-119, 132-133

and dreams　……和梦 138, 141-142, 153

and intersubjective analytic third ……和主体间分析性第三方 109-112

receptivity in　……中的感受性 9

reveries　……遐想 187-188

and usages of language　……和语言的使用 214-215

Unheard, feeling/being　闻所未闻, 感受/存在 14-15

W ——————————————

Whitman, W.　W.惠特曼

on analyst's dreams　关于分析师的梦 143

on reading　关于阅读 6

Winnicott, D.W.　D.W.温尼科特 128, 141

on analytic process　关于分析性过程 10, 120-122, 207

on dreaded event　关于可怕的事件 86

on intersubjective state　关于主体间状态 24, 159-160

on privacy　关于隐私 130

on psychotherapy　关于心理治疗 117

Withdrawal, of analysand　撤退, 被分析者 14

Z ——————————————

Zweibel, R., on analyst's dreams　R.威贝尔, 关于分析师的梦 143

图书在版编目（CIP）数据

遐想与解释：感知人性之光 / (美) 托马斯·H.奥
格登 (Thomas H.Ogden) 著；孙启武, 陈明, 熊冰雪译.
重庆：重庆大学出版社, 2025. 1. -- (鹿鸣心理).
ISBN 978-7-5689-5040-4

Ⅰ. B841

中国国家版本馆CIP数据核字第2025ND3818号

遐想与解释：感知人性之光
XIAXIANG YU JIESHI：GANZHI RENXING ZHIGUANG

〔美〕托马斯·H.奥格登（Thomas H.Ogden）　著
孙启武　陈　明　熊冰雪　译

鹿鸣心理策划人：王　斌
策划编辑：敬　京
责任编辑：黄菊香
责任校对：谢　芳
责任印制：赵　晟
＊
重庆大学出版社出版发行
出版人：陈晓阳
社址：重庆市沙坪坝区大学城西路21号
邮编：401331
电话：（023）88617190　88617185（中小学）
传真：（023）88617186　88617166
网址：http://www.cqup.com.cn
邮箱：fxk@cqup.com.cn（营销中心）
全国新华书店经销
重庆升光电力印务有限公司印刷
＊
开本：720mm×1020mm　1/16　印张：15.5　字数：202千
2025 年 3 月第 1 版　　2025年3月第 1 次印刷
ISBN 978-7-5689-5040-4　定价：82.00元

REVERIE AND INTERPRETATION:Sensing Something Human

By Thomas H. Ogden

Published by the Rowman&Littlefield Publishing

Group through the Chinese Connection

Agency, a division of The Yao Enterprises,LLC.

版贸核渝字（2015）第305号